PLC 技术应用

主　　编　那广伟
副主编　白　冰　刘　勇　高宏屹
　　　　　刘　真　郭　强
参　　编　沈　斌

U0323570

北京理工大学出版社
BEIJING INSTITUTE OF TECHNOLOGY PRESS

内 容 简 介

本书选择国内常见的三菱 FX_{2N} 系列可编程控制器为主线，立足于理论实践一体化教学，从技能培养、技术应用的角度出发，采用了"项目引领，任务驱动"的教学模式，以 PLC 指令学习为课程链路，系统地介绍了可编程控制器的应用技术。

全书分为四个模块，包括 PLC 应用基础知识、基本指令、顺序功能图和功能指令四个模块，以实例为切入点，图文并茂，突出了技术应用和工程实践能力的培养，力求让学生在"做中学，学中做"的过程中，领悟知识、掌握技能，理解思路，学会应用。本书既可用于理论与一体化教学，也可指导学生进行实训、课程设计和毕业设计。

本书可作为高等院校电气自动化技术、机电一体化等相关专业的教材，也可供工程技术人员参考和作为培训教材使用。

图书在版编目（CIP）数据

PLC 技术应用 / 那广伟主编 . —北京：北京理工大学出版社，2018.5
ISBN 978 - 7 - 5682 - 5610 - 0

Ⅰ. ①P… Ⅱ. ①那… Ⅲ. ①PLC 技术－高等学校－教材 Ⅳ. ①TM571.61

中国版本图书馆 CIP 数据核字（2018）第 084894 号

出版发行／北京理工大学出版社有限责任公司
社　　　址／北京市海淀区中关村南大街 5 号
邮　　　编／100081
电　　　话／(010)68914775(总编室)
　　　　　　(010)82562903(教材售后服务热线)
　　　　　　(010)68948351(其他图书服务热线)
网　　　址／http://www.bitpress.com.cn
经　　　销／全国各地新华书店
印　　　刷／三河市天利华印刷装订有限公司
开　　　本／710 毫米 × 1000 毫米　1/16
印　　　张／12.5　　　　　　　　　　　　　　　　　责任编辑／赵　岩
字　　　数／234 千字　　　　　　　　　　　　　　　　　　　　 ／赵　岩
版　　　次／2018 年 5 月第 1 版　2018 年 5 月第 1 次印刷　　责任校对／周瑞红
定　　　价／51.00 元　　　　　　　　　　　　　　　　　 责任印制／边心超

前　　言

可编程控制器简称 PLC，是专门为工业控制应用而设计的一种通用控制器，是一种以微处理器为基础，综合了计算机技术、自动控制技术、通信技术和传统的继电器控制技术而发展起来的新型工业控制装置。近年来，PLC 在工业生产的许多领域，如冶金、机械、电力、石油、煤炭、化工、轻纺、交通、食品、环保、轻工、建材等工业部门得到了广泛的应用，已经成为工业自动化的三大支柱之一。

本书以三菱 FX$_{2N}$ PLC 为主线，共分为 4 个模块，介绍了 PLC 的基本原理、系统结构和指令系统，并对编程软件进行了介绍；在重点、难点知识讲解后，配有"工作任务"环节，可帮助读者理解和掌握这些知识。另外配套有"拓展知识"，使读者掌握的基本内容和知识点得以拓展。各课题后还附有配套的习题。本教材在编写过程中力求由浅入深，通俗易懂，理论联系实际，既有基本的理论知识，又有实际的应用设计。

本书可作为高等院校电气自动化技术、机电一体化等相关专业的教材，也可供工程技术人员参考和作为培训教材使用。

本书由那广伟老师任主编，白冰、刘勇、高宏屹、刘真、郭强任副主编，沈斌参加了本书编写和程序调试，全书由那广伟统稿。

由于编写时间仓促，加之编者水平有限，书中难免存在疏漏之处，请读者提出宝贵意见。

编　者

目　录

模块一　PLC 应用基础知识

学习目标

（1）了解 PLC 的产生、发展、分类、特点及应用。

（2）掌握 PLC 的基本结构和控制系统。

（3）理解 PLC 的循环扫描原理。

课题一　PLC 概述

学习目标

（1）了解 PLC 的产生和发展。

（2）掌握 PLC 的应用场合。

（3）了解常用的 PLC。

知识学习

一、PLC 的产生

20 世纪 60 年代，计算机技术已开始应用于工业控制。但由于计算机技术的复杂性、编程难度高、难以适应恶劣的工业环境以及价格昂贵等原因，未能在工业控制中广泛应用。当时的工业控制，主要还是以继电器—接触器组成的控制系统为主。

1968 年，美国最大的汽车制造商——通用汽车制造公司（GM），为适应汽车型号的不断翻新，试图寻找一种新型的工业控制器，以尽可能减少重新设计和更换继电器控制系统的硬件及接线，减少时间，降低成本。因而设想把计算机的完备功能、灵活及通用等优点和继电器控制系统的简单易懂、操作方便、价格便宜等优点结合起来，制成一种适合于工业环境的通用控制装置，并把计算机的编程方法和程序输入方式加以简化，用"面向控制过程，面向对象"的"自然语言"进行编程，使不熟悉计算机的人也能方便地使用，即：硬件减少，软件灵活、简单。针对上述设想，通用汽车公司提出了这种新型控制器所必须具备的十大条件。

(1)编程简单,可在现场修改程序。

(2)维护方便,最好是插件式。

(3)可靠性高于继电器控制柜。

(4)体积小于继电器控制柜。

(5)可将数据直接送入管理计算机。

(6)在成本上可与继电器控制柜竞争。

(7)输入可以是市电。

(8)输出可驱动市电2 A 以下的负荷,可直接驱动电磁阀。

(9)在扩展时,原有系统只要很少变更。

(10)用户程序存储器容量至少能扩展到4KB 字节。

1969 年,美国数字设备公司(GEC)首先研制成功第一台可编程序控制器,并在通用汽车公司的自动装配线上试用成功,从而开创了工业控制的新局面。接着,美国 MODICON 公司也开发出可编程序控制器084。1971 年,日本从美国引进了这项新技术,很快研制出了日本第一台可编程序控制器 DSC－8。1973 年,西欧国家也研制出了他们的第一台可编程序控制器。目前世界上众多的 PLC 生产厂家中,比较著名的公司有美国的罗克韦尔公司、哥德公司、TI 公司、通用电气公司,德国的西门子公司,日本的三菱公司、东芝公司、富士公司和立石公司等。它们的产品占据着世界上大部分的 PLC 市场。

我国从 1974 年开始研制,并于 1977 年开始工业应用 PLC。早期的 PLC 是为取代继电器控制线路、存储程序指令、完成顺序控制而设计的,主要用于逻辑运算和计时、计数等顺序控制,均属开关量控制。所以,通常称之为可编程序逻辑控制器(Programmable Logic Controller,PLC)。进入 20 世纪 70 年代,随着微电子技术的发展,PLC 采用了通用微处理器。这种控制器就不再局限于当初的逻辑运算了,功能不断增强。因此,实际上应称之为可编程序控制器(PLC)。至 20 世纪 80 年代,随着大规模和超大规模集成电路等微电子技术的发展,以 16 位和 32 位微处理器构成的微机化 PLC 得到了惊人的发展,使 PLC 在概念、设计、性能、价格以及应用等方面都有了新的突破。不仅控制功能增强,功耗和体积减小,成本下降,可靠性提高,编程和故障检测更为灵活方便,而且随着远程 I/O 和通信网络、数据处理以及图像显示的发展,使 PLC 向用于连续生产过程控制的方向发展,成为实现工业生产自动化的一大支柱。

二、PLC 的定义

PLC 一直在发展中,所以至今尚未对其下最后的定义。国际电工学会(IEC)曾先后于 1982 年 11 月、1985 年 1 月和 1987 年 2 月发布了可编程序控制器标准草案的第一、第二、第三稿。在第三稿中,对 PLC 作了如下定义:PLC 是一种数字运算操作电子系统,专为在工业环境下应用而设计。它采用了可编程序的存储器,用来在其内部存储执行逻辑运算、顺序控制、定时、计数和算术运算等操作的指令,并通过数字的、模拟的输入和输出,控制各种类型的机械或生产过程。PLC及其有关的外围设备,都应按易于与工业控制系统形成一个整体、易于扩充其功能的原则设计。

定义强调了PLC是:

(1)数字运算操作的电子系统——也是一种计算机。

(2)专为在工业环境下应用而设计。

(3)面向用户指令——编程方便。

(4)逻辑运算、顺序控制、定时计算和算术操作。

(5)数字量或模拟量输入/输出控制。

(6)易与控制系统连成一体。

(7)易于扩充。

三、PLC的特点

为适应工业环境使用,与一般控制装置相比较,PLC有以下特点。

1. 可靠性高,抗干扰能力强

工业生产对控制设备的可靠性要求有以下几个方面。

(1)平均故障间隔时间长。

(2)故障修复时间(平均修复时间)短。任何电子设备产生的故障,通常为两种。一种是偶发性故障,指由于外界环境恶劣如电磁干扰、超高温、超低温、过电压、欠电压、振动等引起的故障。这类故障,只要不引起系统部件的损坏,一旦环境条件恢复正常,系统也随之恢复正常。但对PLC而言,受外界影响后,内部存储的信息可能被破坏。另一种是永久性故障,指由于元器件不可恢复的破坏而引起的故障。如果能限制偶发性故障的发生条件,使PLC在恶劣环境中不受影响或能把影响的后果限制在最小范围,使PLC在恶劣条件消失后自动恢复正常,这样就能延长平均故障间隔时间;如果能在PLC上增加一些诊断措施和适当的保护手段,在永久性故障出现时,能很快查出故障发生点,并将故障限制在局部,就能缩短PLC的平均修复时间。为此,PLC的各生产厂商在硬件和软件方面采取了多种措施,使PLC除了具有较强的自诊断能力,能及时给出出错信息,停止运行等待修复外,还使PLC具有了很强的抗干扰能力。

硬件措施:主要模块均采用大规模或超大规模集成电路,大量开关动作由无触点的电子存储器完成,I/O系统设计有完善的通道保护和信号调理电路。

①屏蔽——对电源变压器、CPU、编程器等主要部件,采用导电、导磁良好的材料进行屏蔽,以防外界干扰。

②滤波——对供电系统及输入线路采用多种形式的滤波,如LC或π型滤波网络,以消除或抑制高频干扰,也降低了各种模块之间的相互影响。

③电源调整与保护——对微处理器所需的+5V电源,采用多级滤波,并用集

成电压调整器进行调整,以适应交流电网的波动和过电压、欠电压的影响。

④隔离——在微处理器与 I/O 电路之间,采用光电隔离措施,有效地隔离 I/O 接口与 CPU 之间电的联系,减少故障和误动作;各 I/O 口之间亦彼此隔离。

⑤采用模块式结构——这种结构有助于在故障情况下短时修复。一旦查出某一模块出现故障,能迅速更换,使系统恢复正常;同时也有助于加快查找故障原因。

软件措施:有极强的自检及保护功能。

①故障检测——软件定期地检测外界环境,如掉电、欠电压、锂电池电压过低及强干扰信号等,以便及时进行处理。

②信息保护与恢复——当偶发性故障条件出现时,不破坏 PLC 内部的信息。一旦故障条件消失,就可恢复正常,继续原来的程序工作。所以,PLC 在检测到故障条件时,立即把现有状态存入存储器,软件配合对存储器进行封闭,禁止对存储器的任何操作,以防存储信息被冲掉。

③设置警戒时钟 WDT(看门狗)——如果程序每循环执行时间超过了 WDT 规定的时间,预示着程序进入死循环,立即报警。

④加强对程序的检查和校验——一旦程序有错,立即报警,并停止执行。

⑤对程序及动态数据进行电池后备——停电后,利用后备电池供电,有关状态及信息就不会丢失。

PLC 的出厂试验项目中,有一项就是抗干扰试验。它要求能承受幅值为 1 000 V,上升时间 1 ns,脉冲宽度为 1 μs 的干扰脉冲。一般情况下,平均故障间隔时间可达几十万至上千万小时,制成系统亦可达 4 万~5 万小时甚至更长时间。

2.通用性强,控制程序可变,使用方便

PLC 品种齐全的各种硬件装置,可以组成满足各种要求的控制系统,用户不必自己再设计和制作硬件装置。用户在硬件确定以后,在生产工艺流程改变或生产设备更新的情况下,不必改变 PLC 的硬件设备,只需改编程序就可以满足要求。因此,PLC 除应用于单机控制外,在工厂自动化中也被大量采用。

3.功能强,适应面广

现代 PLC 不仅有逻辑运算、计时、计数、顺序控制等功能,还具有数字和模拟量的输入/输出、功率驱动、通信、人机对话、自检、记录显示等功能。既可控制一台生产机械、一条生产线,又可控制一个生产过程。

4.编程简单,容易掌握

目前,大多数 PLC 仍采用继电器控制形式的"梯形图编程方式"。既继承了传统控制线路的清晰直观,又考虑到大多数工厂企业电气技术人员的读图习惯及编程水平,所以非常容易接受和掌握。梯形图语言编程元件的符号和表达方式与继电器控制电路原理图相当接近。通过阅读 PLC 的用户手册或短期培训,电气技术人员和技术工很快就能学会用梯形图编制控制程序。同时,用户手册还提供了功能图、语句表等编程语言。

PLC 在执行梯形图程序时,用解释程序将它翻译成汇编语言然后执行。与直接执行汇编语言编写的用户程序相比,执行梯形图程序的时间要长一些,但对于大多数机电控制设备来说,是微不足道的,完全可以满足控制要求。

5. 减少了控制系统的设计及施工的工作量

由于 PLC 采用了软件来取代继电器控制系统中大量的中间继电器、时间继电器、计数器等器件,控制柜的设计、安装、接线工作量大为减少。同时,PLC 的用户程序可以在实训室模拟调试,更减少了现场调试的工作量。并且,由于 PLC 的低故障率,很强的监视功能和模块化等,使维修也极为方便。

6. 体积小、质量轻、功耗低、维护方便

PLC 是将微电子技术应用于工业设备的产品,其结构紧凑、坚固,体积小、质量轻,功耗低。以三菱公司的 F1 – 40M 型 PLC 为例,其外型尺寸仅为 305 mm × 110 mm × 110 mm,质量 2.3 kg,功耗小于 25 W;而且具有很好的抗振能力和适应环境温度、湿度变化的能力。现在三菱公司又有 FX 系列 PLC,与其超小型品种 F1 系列相比,面积为 47%,体积为 36%,在系统的配置上既固定又灵活,输入/输出可达 24 ~ 128 点。

四、PLC 的应用

随着 PLC 的性能价格比的不断提高,微处理器的芯片及有关的元件价格大大降低,PLC 的成本下降,PLC 的功能大大增强,因而 PLC 的应用日益广泛。目前,PLC 在国内外已广泛应用于钢铁、采矿、水泥、石油、化工、电力、机械制造、汽车、装卸、造纸、纺织、环保等各行各业。其应用范围大致可归纳为以下几种。

(1)开关量的逻辑控制——这是 PLC 最基本、最广泛的应用领域。它取代传统的继电器控制系统,实现逻辑控制、顺序控制。开关量的逻辑控制可用于单机控制,也可用于多机群控制,亦可用于自动生产线的控制等。

(2)运动控制——PLC 可用于直线运动或圆周运动的控制。早期直接用开关量 I/O 模块连接位置传感器和执行机械,现在一般使用专用的运动模块。目前,制造商已提供了拖动步进电动机或伺服电动机的单轴或多轴位置控制模块,即把描述目标位置的数据送给模块,模块移动一轴或多轴到目标位置。当每个轴运动时,位置控制模块保持适当的速度和加速度,确保运动平滑。运动的程序可用 PLC 的语言完成,并通过编程器输入。

(3)闭环过程控制——PLC 通过模拟量的 I/O 模块实现模拟量与数字量的 A/D、D/A 转换,可实现对温度、压力、流量等连续变化的模拟量的 PID 控制。

(4)数据处理——现代的 PLC 具有数学运算(包括矩阵运算、函数运算、逻辑运算)、数据传递、排序和查表、位操作等功能,可以完成数据的采集、分析和处理。数据处理一般用在大中型控制系统中。大中型控制系统把支持顺序控制的 PLC 与数字控制设备紧密结合,具有 CNC 功能。

（5）通信联网——PLC 的通信包括 PLC 与 PLC 之间、PLC 与上位计算机之间和它的智能设备之间的通信。PLC 和计算机之间具有 RS - 232 接口,用双绞线、同轴电缆将它们连成网络,以实现信息的交换;还可以构成"集中管理,分散控制"的分布控制系统。I/O 模块按功能各自放置在生产现场分散控制,然后利用网络构成集中管理信息的分布式网络系统。

并不是所有的 PLC 都具有上述的全部功能,有的小型 PLC 只具备上述部分功能,但价格比较便宜。

五、PLC 的分类

由于 PLC 的品种、型号、规格、功能各不相同,要按统一的标准对它们进行分类十分困难。通常,PLC 按 I/O 点数可划分成大、中、小型三类,按功能强弱又可分为低档机、中档机和高档机三类。

一般,按 I/O 点数分类如下。

（1）小型 PLC——I/O 点数 <256 点,单 CPU,8 位或 16 位处理器,用户存储器容量 4KB 字节以下。如:

GE - I 型	美国通用电气（GE）公司
TI100	美国德州仪器公司
F、F1、F2	日本三菱电气公司
C20、C40	日本立石公司（欧姆龙）
S7 - 200	德国西门子公司
EX20、EX40	日本东芝公司
SR - 20/21	中外合资无锡华光电子工业有限公司

（2）中型 PLC——I/O 点数 256 ~ 2 048 点,双 CPU,用户存储器容量 2 ~ 8KB。如:

S7 - 300、SU - 5、SU - 6	德国西门子公司
SR - 400	中外合资无锡华光电子工业有限公司
C - 500	日本立石公司
GE - Ⅲ	GE 公司

（3）大型 PLC——I/O 点数 >2 048 点,多 CPU,16 位、32 位处理器,用户存储器容量 8 ~ 16 KB。如:

S7 - 400	德国西门子公司
GE - Ⅳ	GE 公司
C - 2000	立石公司
K3	三菱公司等

六、PLC 的发展

1. 国外 PLC 发展概况

PLC 自问世以来,经过 40 多年的发展,在美、德、日等工业发达国家已成为重要的产业之一,世界总销售额不断上升、生产厂家不断涌现、品种不断翻新,产量、产值大幅度上升而价格则不断下降。

目前,世界上有200多个厂家生产PLC,较有名的有美国的AB通用电气、莫迪康公司等,日本的三菱、富士、欧姆龙、松下电工等,德国的西门子公司,法国的TE、施耐德公司,韩国的三星、LG公司等。

技术发展动向:

(1)产品规模向大、小两个方向发展。大:I/O点数达14 336点,32位为微处理器,多CPU并行工作,大容量存储器,扫描速度高速化。小:由整体结构向小型模块化结构发展,增加了配置的灵活性,降低了成本。

(2)PLC在闭环过程控制中应用日益广泛。

(3)不断加强通信功能。

(4)新器件和模块不断推出。高档的PLC除了主要采用CPU以提高处理速度外,还有带处理器的EPROM或RAM的智能I/O模块、高速计数模块、远程I/O模块等专用化模块。

(5)编程工具丰富多样,功能不断提高,编程语言趋向标准化。有各种简单或复杂的编程器及编程软件,采用梯形图、功能图、语句表等编程语言,亦有高档的PLC指令系统。

(6)发展容错技术。采用热备用或并行工作、多数表决的工作方式。

(7)追求软硬件的标准化。

2. 国内发展及应用概况

我国研制与应用PLC较晚。在20世纪70年代末和80年代初,我国随国外成套设备、专用设备的进口引进了不少国外的PLC。1974年,我国研制出第一台国产PLC。

我国的PLC产品研制和生产经历了三个阶段:①顺序控制器(1973—1979年);②以一位微处理器为主的工业控制器(1979—1985年);③以8位微处理器为主的PLC(1985年以后)。在对外开放政策的推动下,国外PLC产品大量进入我国市场,一部分随成套设备进口,如宝钢一期、二期工程就引进了500多套,还有咸阳显像管厂、秦皇岛煤码头、汽车厂等。现在,PLC在国内的各行各业也有了极大的应用,技术含量也越来越高。国内开始研制PLC产品是20世纪70年代中期,当时上海、北京、西安、广州和长春等地的不少科研单位、大专院校和工厂,总计20多家单位都在研制和生产PLC(绝大多数都是小型PLC)。特别值得一提的是国家科学技术委员会和原机械工业部在仪器仪表重点课题攻关专项中组织了"六五""七五""八五"的PLC子项攻关,由部属北京机械工业自动化研究所负责,先后研制开发了MPC - 10、MPC - 20、MPC - 85型PLC。这几种型号的PLC的I/O点数为256~512,并可扩展到1 024点,开创了国内研制大型PLC的先河,先后在注塑机、恒温室、锅炉控制、汽车压力机生产线上获得了应用。这些PLC有自主开发的操作系统、工业控制编程语言,并具有与上位机、HMI 联网和通信等功能。当时国内研制开发的 PLC 产品由于缺乏资金、后续研制力量不足及生产技术相对落后等原因,没有形成批量工业化生产,因而被国外产品淘汰而纷纷消失。可喜的是在 20 世纪 90 年代,由于 PLC 应用不断深入,国内又掀起研制 PLC 的高潮,虽然仍是小型 PLC,批量亦不大,但其功能、质量和可靠性比 20 世纪 70 年代的产品有明显的提高。其代表产品如南京冠德科技有限公司(原江苏嘉华实业有限公司 PLC 工厂)的 JH200 系列 PLC,I/O 为 12 ~ 120 点,具有高速计数器和模拟量功能;杭州新箭电子有限公司的 D 系列 PLC,D20P 的 I/O 点数为 20 点,D100 的 I/O 为 40 ~ 120 点;兰州全志电子有限公司的 RD 系列小型 PLC 很有特点,RD100 型 PLC 的 I/O 点为9/4点,2 点模拟量输入,而 RD200 型 PLC 的 I/O 为 20 ~ 40 点,扩展的功能有编码盘测速、热电偶测温和模拟量 I/O,RD200 型 PLC 最多可 32 台联网,并能与上位 PLC 机进行实时通信。

为了尽快提升我国 PLC 的技术水平,引进 PLC 的先进生产技术,中外合资或外商独资企业在国内开始批量生产 PLC。西门子公司首先在大连开办 PLC 生产企业,欧姆龙公司在上海生产的 PLC 远销海内外,中日合资后又成独资的江苏无锡光洋电子有限公司的 PLC 已有小、中、大系列产品。中外合资、引进技术,使国产 PLC 上了一个新的台阶。

特别是近几年,国产 PLC 有了更新的产品。北京和利时系统工程股份有限公司推出的 FO 型 PLC 有小型、中型、大型。该公司推出的 HOLiAS – LECG3 新一代高性能的小型 PLC 有 14 点(8/6)、24 点(14/10)、40 点(24/16)三个规格,基本指令的执行时间为 0.6 μs,程序存储器的容量为 52 K。为方便用户选用,该公司开发了 19 种、35 个不同规格的 I/O 扩展模块,G3 型 PLC 可最多扩展 7 个模块,I/O 最大可到 264 点。G3 系列 PLC 有符合 IEC61131 – 3 的 5 种编程语言,编程软件具有超强的计算功能,如其他小型 PLC 所不具备的 64 位浮点数运算,优化的 PID 可同时处理有十几个模拟量的多个闭环回路。G3 系列 PLC 具有极强的通信功能,有集于 CPU 模块的标准 Modbus 协议、专有协议和自由协议的通信接口。通过该接口可方便的挂到 Profibus 等总线上去。该公司的 FOPLC 中型机,开关量 I/O 为 256 点;内置 TCP/IP 通信接口,很容易接入管理网;配有 Profibus – DP 现场总线的主站、从站和远程 I/O 都通过 ISO9001 严格的质量保证体系认证。FOPLC 编程语言符合 IEC61131 –3 标准。

深圳德维林公司开发的基于 PLC 的软 PLCTOMC 系列,其特点是符合 IEC61131 – 3 国际标准的编程语言,允许梯形图、顺序功能图和功能块图混合编程;用户可开发基于内置 PLC 资源的 C 语言和定义功能块,通过以太网、TCP/IP 与上位机联网。TOMC1 软 PLC 可连接最多 32 个本地 I/O 模块,最多 15 个远程站,每个远程站可带 32 个 I/O 点。

在 90% 的国内 PLC 市场由国外 PLC 产品占领的今天,国产 PLC 能脱颖而出,并具有和国外同类产品进行竞争的能力。相信不久的将来,国产 PLC 将占领更大的市场份额。

目前,PLC 的应用领域不断扩大,并延伸到过程控制、批处理、运动和传动控制、无线电遥控以至实现全厂的综合自动化。PLC 的技术发展除了小型化、超高速、大容量存储器、多 CPU、多任务并行运行外,PLC 的开放性更大,通信联网能力更强,集成化软件更优。标准化的 IEC61131 - 3PLC 编程语言已被众多 PLC 厂商所接受,其推广速度越来越快。软 PLC 的应用范围将更广。

拓展知识

本课题的拓展内容:常用的 PLC 控制器

随着 PLC 市场的不断扩大,PLC 生产已经发展成为一个庞大的产业,其主要厂商集中在一些欧美国家及日本。美国与欧洲一些国家在相互隔离的情况下独立研究开发的 PLC 产品有较大的差异。日本的 PLC 是从美国引进的,对美国的 PLC 产品有一定的继承性。另外,日本的主推产品定位在小型 PLC 上;而欧美则以大、中型 PLC 为主。

1. 美国的 PLC 产品

美国有 100 多家 PLC 制造商,著名的 PLC 制造商有 AB 公司、通用电气(GE)公司、莫迪康(MODICON)公司、德州(TI)仪器、西屋公司等。其中 AB 公司的产品规格齐全、种类丰富,其主推的产品为大、中型的 PLC - 5 系列。该系列为模块式结构,CPU 模块为中型的 PLC 有 PLC - 5/10、PLC - 5/12、PLC - 5/14、PLC - 5/25;CPU 模块为大型的 PLC 有 PLC - 5/11、PLC - 5/20、PLC - 5/30、PLC - 5/40、PLC - 5/60。AB 公司的小型机产品有 SLC - 500 系列等。

GE 公司的代表产品是 GE - Ⅰ、GE - Ⅲ、GE - Ⅵ等系列,分别为小型机、中型机及大型机,GE - Ⅵ/P 最多可配置 4 000 个 I/O 点。TI 公司的小型机产品有 510、520 等,中型机有 5TI 等,大型机有 PM550、PM530、PM560、PM565 等系列。MODICON 公司生产 M84 系列小型机、M484 系列中型机,M884 是增强中型机,具有小型机的结构、大型机的控制功能。

2. 欧洲的 PLC 产品

德国的西门子(SIEMENS)公司、AEG 公司和法国的 TE 公司是欧洲著名的 PLC 制造商。德国西门子公司的电子产品以性能精良而久负盛名,在大、中型 PLC 产品领域与美国的 AB 公司齐名。

西门子公司的 PLC 主要产品有 S5 及 S7 系列。其中,S7 系列是近年来开发的代替 S5 系列的新产品,含 S7 - 200、S7 - 300、S7 - 400 系列。S7 - 200 是微型机,S7 - 300 是中型机、小型机,S7 - 400 是大型机。S7 系列机性价比较高,在中国市场的占有份额有不断上升之势。

3.日本的PLC产品

日本的PLC产品在小型机领域颇具盛名。某些用欧美中型或大型机才能实现的控制,日本小型机就可以解决。日本有许多PLC制造商,如三菱、欧姆龙、松下、富士、日立、东芝等。在世界小型机市场上,日本产品约占70%的份额。

三菱公司的PLC是较早进入中国市场的产品。其小型机F1/F2系列是F系列的升级产品,早期在我国的销量也不小。F1/F2系列加强了指令系统,增加了特殊功能单元和通信功能,比F系列有了更强的控制能力。继F1/F2系列之后,20世纪80年代末,三菱公司又推出了FX系列,在容量、速度、特殊功能、网络功能方面都有加强。FX2系列是20世纪90年代推出的高功能整体式小型机,配有各种通信适配器和特殊功能单元。FX_{2N}系列是近几年推出的高功能整体式小型机,是FX2系列的换代产品。近年来三菱公司还推出了满足不同要求的微型机,如FX_{0S}、FX_{1S}、FX_{0N}、FX_{1N}等系列的产品。本书以三菱FX_{2N}系列机型介绍PLC的应用技术。

欧姆龙(OMRON)公司的PLC产品,大、中、小、微型规格齐全。微型机以SP系列为代表,小型机有P型、H型、CPM1A、CPM2A系列机CPM2C、CQM1系列等,中型机有C200H、C200HS、C200HX、C200HG、C200HE及CS1等系列。

松下公司的PLC产品中,FP0为微型机,FP1为整体式小型机,FP3为中型机,FP5/FP10、FP10S、FP20为大型机。

课后练习

(1)简述PLC的定义。

(2)比较PLC控制系统与继电器控制系统,PLC有哪些优势?

(3)简述PLC的分类、特点及应用。

课题二　PLC的基本组成和工作原理

学习目标

(1)了解PLC的基本组成。

(2)掌握PLC的工作原理。

知识学习

一、PLC的基本组成

目前PLC种类繁多,功能和指令体系也各不相同;但都是以微处理器为核心,所以其结构和工作原理大致相同。PLC的本质是工业控制专用计算机。它的软、硬件配置与计算机极为相似。它主要包括中央处理单元(CPU模块)、存储器ROM

和 RAM、输入/输出模块、电源 I/O 扩展接口、外部设备接口等,如图 1 - 2 - 1 所示。

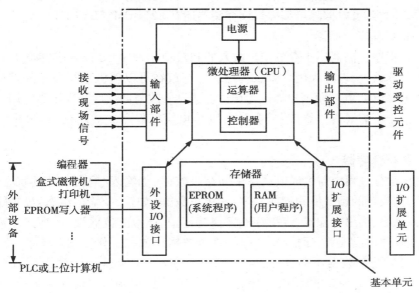

图 1 - 2 - 1　PLC 的基本组成

1. 中央处理器

中央处理器(CPU)由控制器、运算器和寄存器组成并集成在一个芯片内。CPU 通过数据总线、地址总线、控制总线和电源总线与存储器、输入/输出接口、编程器和电源相连接。小型 PLC 的 CPU 采用 8 位或 16 位微处理器或单片机,如 8031、M68000 等。这类芯片价格很低。中型 PLC 的 CPU 采用 16 位或 32 位微处理器或单片机,如 8086、96 系列单片机等。这类芯片的主要特点是集成度高、运算速度快且可靠性高,而大型 PLC 则需采用高速位片式微处理器。

CPU 按照 PLC 内系统程序赋予的功能指挥 PLC 控制系统完成各项工作任务。

2. 存储器

PLC 内的存储器主要用于存放系统程序、用户程序和数据等。

1)系统程序存储器

PLC 系统程序决定了 PLC 的基本功能。该部分程序由 PLC 制造厂家编写并固化在系统程序存储器中,主要有系统管理程序、用户指令解释程序和功能程序与系统程序调用等。

系统管理程序主要控制 PLC 的运行,使 PLC 按正确的次序工作。用户指令解释程序将 PLC 的用户指令转换为机器语言指令,传输到 CPU 内执行。功能程序与系统程序调用则负责调用不同的功能子程序及其管理程序。

系统程序属于需长期保存的重要数据,所以其存储器采用 ROM 或 EPROM。ROM 是只读存储器,只能读出内容,不能写入内容。ROM 具有非易失性,即电源断开后仍能保存已存储的内容。

EPEROM 为可电擦除只读存储器,须用紫外线照射芯片上的透镜窗口才能擦除已写入内容,可电擦除可编程只读存储器还有 E2PROM、FLASH 等。

2)用户程序存储器

用户程序存储器用于存放用户载入的 PLC 应用程序。载入初期的用户程序因需修改与调试,所以称为用户调试程序。它存放在可以随机读写操作的随机存取存储器 RAM 内,以方便用户修改与调试。通过修改与调试后的程序称为用户执行程序。由于不需要再作修改与调试,所以用户执行程序就被固化到 EPROM 内长期使用。

3)数据存储器

PLC 运行过程中需生成或调用中间结果数据(如输入/输出元件的状态数据,定时器、计数器的预置值和当前值等)和组态数据(如输入/输出组态、设置输入滤波、脉冲捕捉、输出表配置、定义存储区保持范围、模拟电位器设置、高速计数器配置、高速脉冲输出配置、通信组态等)。这类数据存放在工作数据存储器中。由于工作数据与组态数据不断变化,且不需要长期保存,所以采用随机存取存储器 RAM。RAM 是一种高密度、低功耗的半导体存储器,可用锂电池作为备用电源,一旦断电就可通过锂电池供电,保持 RAM 中的内容。

3.输入/输出模板

输入(Input)和输出(Output)模板简称 I/O 模块,PLC 通过此模块实现与外围设备的连接。它是 PLC 与工业生产设备或工业生产过程连接的接口,也是联系外部现场和 CPU 模块的重要桥梁。

输入模块用来接收和采集输入信号。输入信号有两类:一类是由按钮开关、行程开关、数字拨码开关、接近开关、光电开关、压力继电器等提供的开关量输入信号;另一类是从电位器、热电、测速电机、各种变送器送来的连续变化的模拟量输入信号。输入模块还需将这些各式各样的电平信号转换成 CPU 能够接收和处理的数字信号。

输出模块的作用是接收中央处理器处理过的数字信号,并把它转换成现场的执行部件能接收的信号。控制接触器、电磁阀、调节阀、调速装置控制的另一类负载是指示灯、数字显示器和报警装置等。

数字量(包括开关量)输入/输出模块,主要涉及的问题是隔离问题。实现现场与 PLC 电气上的隔离,从而保持系统工作的可靠性。模拟量输入/输出模块,主要涉及的问题是模/数转换与数/模转换的问题。当然,电气隔离也是不可缺少的。

1)开关量 I/O 模块的外部接线方式

开关量 I/O 模块输入信号只有接通和断开两种状态。电压等级有直流 5 V,12 V,24 V,48 V,110 V 和交流 110V,220V 等。

各输入/输出点的通/断状态用发光二极管显示。外部接线一般接在模块面板的接线端子上。某些模块使用可拆装的插座式端子板,不需要断开端子板上的外部接线,即可迅速地更换模块。

开关量输入/输出模块的点数一般是 2 的 n 次方,如 4、8、16、32 点。

开关量输入/输出模块的外部接线方式有汇点式、分组式和分隔式,如图 1 - 2 - 2 所示。

汇点式模块的所有输入/输出电路只有一个公共点,且共用一个电源。

分组式模块的输入/输出点分为若干组,每一组的各输入/输出电路有一个公共点,共用一个电源。各组之间是隔开的,可分别使用不同的电源。

分隔式模块的各输入/输出点之间相互隔离,每个输入/输出点可使用单独的电源。如将它们的 COM 端连接起来,这几个点就可以使用同一电源。

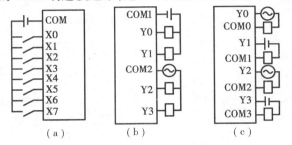

图 1 - 2 - 2 输入/输出模块的外部接线方式

(a)汇点式;(b)分组式;(c)分隔式

2)输入模块的电路结构

输入电路中设有 RC 滤波电路,以防止由于输入触点抖动或外部干扰脉冲引起的错误输入信号。滤波电路输入电流为 5 ~ 10 mA,滤波延迟时间的典型值为 10 ~ 20 ms(信号上升沿)和 20 ~ 50 ms(信号下降沿)。输入电路一般有三种类型,关键是电气隔离。

直流输入模块的内部电路和外部接线图如图 1 - 2 - 3 所示(为说明问题,以后各图只画出一路输入和输出,COM 是公共点)。如图 1 - 2 - 3 所示的输入触点直接接在公共点和输入端 X001 之间,不需要外接输入回路的电源(PLC 内部有自带 24 V 电源)。有的 PLC 还可以为接近开关、光电开关之类的传感器提供 24 V 直流电源,如图1 - 2 - 3 所示。

当图 1 - 2 - 3 中的外接触点接通时,传感器输出信号(接通),经电阻串联分压后形成稳定电压,使光电隔离器的发光二极管亮,光电三极管导通;外接触点断开时,光电隔离器中的发光二极管熄灭,光电三极管截止,信号经内部电路形成适合 CPU 需要的标准信息。

交流/直流输入电路如图 1 - 2 - 4 所示,输入触点接通,输入信号被限流电阻降压后,再经滤波整流,交流电压或直流电压信号被转换为直流电流,经过发光二极管送给光电隔离器。另外,交流信号输入也可采用双向发光二极管来保证信号连续,如图 1 - 2 - 4 所示,显示用的两个发光二极管也是反向并联的。此电路可接收交流信号与直流信号。

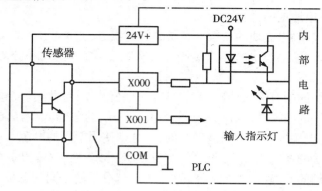

图1-2-3 直流输入电路

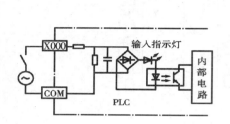 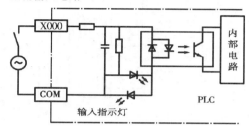

图1-2-4 交流/直流输入电路

3）输出模块输出方式

PLC的输出方式按负载使用电源（即用户电源）来分，有直流输出、交流输出和交直流输出三种方式；按输出开关器件的种类来分，有晶体管、晶闸管和继电器三种输出方式。输出电流典型值为0.5～2 A，负载电源由外部现场提供。

输出电流的额定值与负载性质有关，如某端子输出可驱动AC 220 V/2 A的电阻性负载，但只能驱动AC 220 V/80 W的电感性负载和100 W的白炽灯。额定输出电流还与温度有关。

继电器输出方式电路如图1-2-5所示。它可带直流负载也可带交流负载，电源由用户提供。继电器同时起隔离和功率放大作用，每一路只提供一对常开触点。与触点并联的RC电路和压敏电阻用来消除触点断开时产生的电弧。

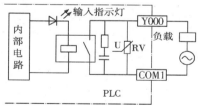

图1-2-5 继电器输出电路

晶体管输出电路，如图1-2-6所示，只能带直流负载，直流电源由用户提供。输出信号经光电隔离器送给输出晶体管，晶体管的饱和导通和截止状态相当于触点的接通和断开。稳压管用来消除关断过电压和外部的浪涌电压，以保护晶体管。

双向可控硅输出电路，如图1-2-7所示，只能带交流负载（属于交流输出方式），交流电源由用户提供。输出信号经光电隔离器控制双向可控硅。RC电路和压敏电阻用来消除可控硅的关断过电压和外部的浪涌电压。

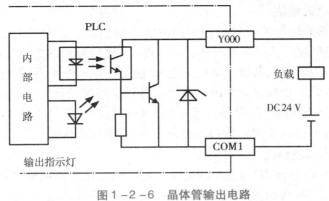

图 1－2－6　晶体管输出电路

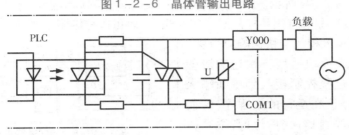

图 1－2－7　晶闸管输出电路

4. 特殊功能模块(功能模块或智能模块)

随着 PLC 在工业控制中的广泛应用和发展,为了增强其功能,扩大其应用范围,生产厂家开发了许多供用户选用的特殊功能模块。

1)模拟量输入/输出模块

模拟量的输入模块在过程控制中的应用很广泛,如温度、压力、流量、酸碱度、位移等都是检测对应的电压、电流模拟量,再经过一定的运算(如 PID)后控制生产过程,达到一定的目的(如恒温、恒压等)。模拟量经传感器和变送器转换为标准的信号(IEC 标准 4～20 mA 为电流信号,或 1～5 V、－10～10 V、0～10 V 的直流电压信号)。输入模块用 A/D 转换器将它们转换成数字量,送给 CPU 模块处理。因此,模拟量输入模块又叫 A/D 转换输入模块。

模拟量输出模块是将 CPU 模块处理后的二进制数字信号转换为模拟电压或电流,再用其控制执行机构。因此,模拟量输出模块又叫 D/A 转换输出模块。

总之,模拟量 I/O 模块的主要任务是完成 A/D 转换(模拟量输入)和 D/A 转换(模拟量输出)。

小型 PLC 往往没有模拟量 I/O 模块,或者只有通道数有限的 8 位 A/D、D/A 模块。大、中型 PLC 可以配置成百上千个模拟量通道。它们的 D/A,A/D 转换器是 12 位的。模拟量 I/O 模块的输入/输出信号可以是电压或电流,可以是单极性的如 0～5 V、0～10 V、1～5 V、4～20 mA,也可以是双极性的如 ±5 V、±10 V 和 ±

20 mA,一般可输入多种量程的电流或电压。

2)高速计数器模块

高速计数器模块是工业控制中常用的智能模块之一。它可把过程控制变量（如位置信号、速度值、流量值累计等）送入 PLC。这些参量的变化速度很快,脉冲宽度小于 PLC 扫描周期,若按正常扫描输入/输出信号来处理,则会丢失部分参量。因此,使用脱离 PLC 而独立计数的高速计数器对这些参量计数。高速计数模块可对几万赫兹甚至上兆赫兹的脉冲计数。当计数器的当前值等于或大于预置值时,输出被驱动(这一过程与 PLC 的扫描过程无关,可保证负载被及时驱动)。

3)PID 过程控制模块

比例/积分/微分(PID)控制模块是实现对连续变化的模拟量闭环控制的智能模块,如图 1-2-8 所示。PID 模块可以看成一个过程调节器。在 PID 模块上有输入/输出接口和进行闭环控制运算的 CPU,一般可以控制多个闭环。

4)中断输入模块与快速响应模块

中断输入模块适用于快速响应的控制系统。过程控制接收到中断输入信号后,暂停正在运行的主程序,转而执行中断程序,执行完后返回,继续执行主程序。

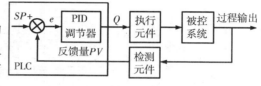

图 1-2-8　PID 过程控制

快速响应模块的功能与通用的开关量 I/O 模块功能相似。它们之间的主要区别是在相同条件下,快速响应模块能将输入量的变化较快地反映到输出量上。

PLC 的输入量与输出量之间存在因扫描工作方式引起的延迟(输入量的变化,一般要在一个扫描周期后,才能反映到输出上)。这种延迟最长可达两个以上扫描周期。快速响应模块的使用可实现快速输入/输出控制。模块输出响应的延迟仅受电路中的硬件影响,不受 PLC 扫描周期的影响,即模块的输出由输入量直接控制,同时还受用户程序的控制。

5)运动控制模块

运动控制模块通过输出脉冲控制位置移动量和移动速度,可分为单坐标控制和双坐标控制。双坐标控制可实现两坐标运动协调。这实际上是通过 PLC 运动控制模块实现的数控(NC)技术。

位置控制一般采用闭环控制,用伺服电动机作驱动装置。如果用步进电动机做驱动装置,那么既可采用开环控制,也可用闭环控制。模块用存储器来存储给定的运动曲线,模块从位置传感器得到当前的位置值,并与给定值相比较,比较的结果用来控制伺服电动机或步进电动机的驱动装置。

6)通信模块

PLC 的通信模块相当于局域网中的网络接口。通过通信数据模块总线和 PLC 的主机连接,用硬件和软件一起来实现通信协议。PLC 的通信模块一般配有几种接口,可以通过通信模块上的选择开关进行接口选择,实现与别的 PLC 智能控制设备或计算机之间的通信。

5. 编程器

编程器的作用是将用户编写的程序下载至 PLC 的用户程序存储器,并利用编程器检查、修改和调试用户程序,监视用户程序的执行过程,显示 PLC 状态、内部器件及系统的参数等。编程器有简易编程器和图形编程器两种。简易编程器体积小,携带方便,但只能用语句形式进行联机编程,适合小型 PLC 的编程及现场调试。图形编程器既可用语句形式编程,又可用梯形图编程,同时还能进行脱机编程。

目前 PLC 制造厂家大都开发了计算机辅助 PLC 编程支持软件。当个人计算机安装了 PLC 编程支持软件后,可用作图形编程器,进行用户程序的编辑、修改,并通过个人计算机和 PLC 之间的通信接口实现用户程序的双向传送、监控 PLC 运行状态等。

6. 电源

PLC 的电源将外部供给的交流电转换成供 CPU、存储器等所需的直流电,是整个 PLC 的能源供给中心。PLC 大都采用高质量的工作稳定性好、抗干扰能力强的开关稳压电源。许多 PLC 电源还可向外部提供直流 24V 稳压电源,用于向输入接口上的接入电气元件供电,从而简化外围配置。

二、PLC 的工作原理

1. PLC 工作方式

虽然 PLC 以微处理器为核心,具有许多计算机的特点,但它的工作方式却与微机有很大不同。计算机一般采用等待命令的工作方式,如在常见的键盘扫描方式或 I/O 扫描方式下,有键按下或 I/O 有输入动作则转入相应的子程序;无键按下或 I/O 无输入动作则继续扫描键盘和 I/O 口。

PLC 采用循环扫描的工作方式,即顺序扫描。这种工作方式是在系统软件控制下进行的。当 PLC 运行时,用户程序中有众多的操作需要执行,但 CPU 是不能同时执行多个操作的,只能按分时操作原理,每一时刻执行一个操作。PLC 从第一条指令开始执行程序,直到遇到结束符后才又返回第一条指令,如此周而复始,不断循环。由于 CPU 的运算处理速度很高,使得外部显示的结果从宏观来看似乎是同时完成的,但实际上各个循环扫描周期要分为三个阶段:输入刷新阶段、程序执行阶段和输出刷新阶段。

2. PLC 的扫描过程

PLC 有两种工作模式:运行(RUN)和停止(STOP)模式。其工作过程如图 1 - 2 -9和图 1 - 2 - 10 所示。

停止模式。在停止模式下,PLC 只进行内部处理和通信服务工作。在内部处理阶段,PLC 检查 CPU 模块内部的硬件是否正常,进行监控定时器复位等。在通信服务阶段,PLC 与其他带 CPU 的智能装置通信。

运行模式。当 PLC 投入运行后,其工作过程还有三个阶段,即输入采样、用户程序执行和输出刷新三个阶段。完成上述三个阶段称作一个扫描周期。在整个运行期间,PLC 的 CPU 以一定的扫描速度重复执行上述三个阶段。

1)自诊断

每次扫描用户程序之前,都先执行故障自诊断程序。自诊断内容包括 I/O 部分、存储器、CPU 等,并通过 CPU 设置定时器来监视每次扫描是否超过规定的时间,如果发现异常,则停机并显示出错;若自诊断正常,则继续向下扫描。

2)通信服务

PLC 检查是否有与编程器、计算机等的通信要求,若有则进行相应处理。

3)输入处理

PLC 在输入刷新阶段,首先以扫描方式按顺序从输入缓存器中写入所有输入端子的状态或数据,并将其存入内存中为其专门开辟的暂存区——输入状态

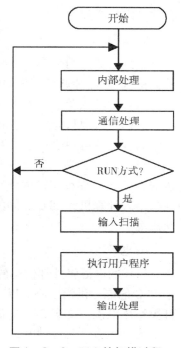

图 1-2-9 PLC 的扫描过程

映像区中。这一过程称为输入采样,或是输入刷新。随后关闭输入端口,进入程序执行阶段,即使输入端有变化,输入映像区的内容也不会改变。变化的输入信号的状态只能在下一个扫描周期的输入刷新阶段被读入。

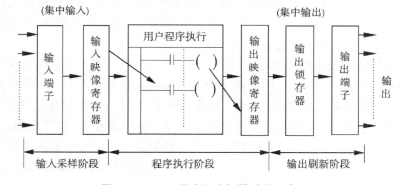

图 1-2-10 用户程序扫描过程示意图

4)输出处理

同输入状态映像区一样,PLC 内存中也有一块专门的区域称为输出状态映像区。当程序的所有指令执行完毕,输出状态映像区中所有输出继电器的状态就在 CPU 的控制下被一次集中送至输出锁存器中,并通过一定的输出方式输出,推动外部的相应执行器件工作。这就是 PLC 输出刷新阶段。

5）程序执行

PLC 在程序执行阶段，按用户程序顺序扫描执行每条指令。从输入状态映像区读出输入信号的状态，经过相应的运算处理等，将结果写入输出状态映像区。通常将自诊断和通信服务合称为监视服务。输入刷新和输出刷新称为 I/O 刷新。可以看出，PLC 在一个扫描周期内，对输入状态的扫描只是在输入采样阶段进行，对输出赋的值也只有在输出刷新阶段才能被送出，而在程序执行阶段输入、输出会被封锁。这种方式称作集中采样、集中输出。

3.PLC 对输入/输出的处理

根据 PLC 的工作特点，PLC 的输入/输出处理的原理如下。

（1）输入映像寄存器的数据（状态）取决于输入端子板上各输入点在本扫描周期的输入处理阶段所刷新的状态（1 或 0）。

（2）程序的执行取决于用户程序内容、输入/输出映像寄存器的内容及其他各元件映像寄存器的内容。

（3）输出映像寄存器（包括各元件映像寄存器）的数据（状态）由用户程序中输出指令的执行结果决定。

（4）输出锁存器中的数据（状态）由上一个扫描周期的输出处理阶段存入到输出锁存器中的数据确定，直到本扫描周期的输出处理阶段，其数据才被刷新。

（5）输出端子上的输出数据（状态）由输出锁存器中的数据决定。

下面用一个简单的例子进一步说明 PLC 的工作过程。图 1-2-11（a）所示是PLC 的外部接线圈，启动按钮 SB1 和停止按钮 SB2 的常开触点分别接 PLC 输入端子的 X0 和 X1 端子，交流接触器 KM 的线圈接 PLC 输出端子 Y0。图 1-2-11（b）所示为三个 I/O 变量对应的 I/O 映像寄存器。图 1-2-11（c）是 PLC 的梯形图。它与异步电动机启动、自锁、停止的继电器控制电路图的功能相同。但是应注意，梯形图是一种软件，是 PLC 图形化的程序。图中的 X0、Y0 等是梯形图中的编程元件。编程元件 X0 与接在输入端子 X0 的 SB1 的常开触点及输入映像寄存器 X0 相对应，编程元件 Y0 与输出映像寄存器 Y0 相对应，也与接在输出端子 Y0 的 PLC 内的输出电路相对应。

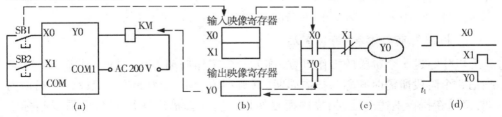

图 1-2-11 PLC 的外部接线图与工作过程示意

梯形图以指令的形式存储在 PLC 的用户程序存储器中。图 1-2-11（c）所示的梯形图与下面的 4 条指令相对应（"——"之后是该指令对应的触点或线圈注释）。

LD　X0——接在左侧母线上的 X0 的常开触点

OR　Y0——与 X0 的常开触点并联的 Y0 的常开触点

ANI　X1——与并联电路串联的 X1 的常闭触点

OUT　Y0——Y0 的线圈

图 1 – 2 – 11(c)所示的梯形图完成的逻辑运算为 $Y0 = (X0 + Y0) \cdot X1$。

在输入扫描阶段,CPU 将 SB1 和 SB2 的常开触点的数据状态读入相应的输入映像寄存器,外部触点接通时存入映像寄存器的是二进制数 1,反之存入 0。

在执行程序阶段,执行第一条指令时,CPU 从输入映像寄存器 X0 中取出二进制数据并存入运算结果寄存器。

执行第二条指令时,从输出映像寄存器 Y0 中取二进制数据,并与运算结果寄存器中的二进制数据相"或"(触点的并联对应"或"运算),运算结果存入运算结果寄存器。

执行第三条指令时,取出输入映像寄存器 X1 中的二进制数据,因为是常闭触点,取反后与前面的运算结果相"与"(电路中的串联对应于"与"运算),运算结果存入运算结果寄存器。

执行第四条指令时,CPU 将运算结果寄存器的二进制数据送入 Y0 的输出映像寄存器。

在刷新输出阶段,CPU 将各输出映像寄存器中的二进制数据传送给输出模块并锁存起来,并由输出端子输出(直到下个扫描周期的刷新输出为止)。如果输出映像寄存器 Y0 中存放的是二进制数 1,外接的 KM 线圈通电,反之将断电。

设按钮 SB1、SB2 和 KM 的状态如图 1 – 2 – 11(a)所示,则对应 X0、X1 和 Y0 的波形图如 1 – 2 – 11(d)所示,高电平表示按下按钮或 KM 线圈通电。当 $t < t_1$ 时,CPU 读取输入映像寄存器 X0 和 X1 的均为二进制数 0,此时输出映像寄存器 Y0 中为二进制数 0,在程序执行阶段,经过上述逻辑运算过程之后,运算结果仍为 $Y0 = 0$,KM 的线圈处于断电状态。$t < t_1$ 区间,虽然 I/O 信号的状态没有变化,但用户程序仍一直反复不断地执行。$t = t_1$ 时,按下启动按钮 SB1,X0 变为 1 状态,经逻辑运算后 Y0 变 1 状态,在刷新输出阶段,将 Y0 对应的输出映像寄存器中的 1 送到输出模块,PLC 内 Y0 对应的硬件继电器的常开触点闭合,KM 的线圈通电。

4. 扫描周期与输入/输出滞后

PLC 经过 5 个阶段的工作过程,称为一个工作周期。在运行(RUN)工作状态扫描 5 个阶段所需时间称为扫描周期(其典型值为 1 ~ 100 ms)。完成一个扫描周期,又重新执行上述过程,扫描周而复始地进行。扫描周期是 PLC 的重要指标之一。扫描周期由 PLC 的工作过程可知,一个完整的扫描周期 T 应为:

$T =$(输入一点时间×输入点数)+(运算速度×程序步数)+(输出一点时间×输出点数)+监视服务时间

扫描周期的长短主要取决于三个要素:一是 CPU 执行指令的速度;二是每条

指令占用的时间;三是执行指令条数的多少,即用户程序的长度。扫描周期越长,系统的响应速度越慢。现在厂家生产的基型 PLC 的一个扫描周期大约为 10 ms。这对于一般的控制系统来说完全是允许的,不但不会造成影响,反而可以增强系统的抗干扰能力。这是因为输入采样仅在输入刷新阶段进行。PLC 在一个工作周期的大部分时间里实际上是与外设隔离的,而工业现场的干扰常常是脉冲式的、短期的,由于系统响应慢,往往要几个扫描周期才响应一次,多次扫描因瞬时干扰而引起的误动作将会大大减少,从而提高了系统的抗干扰能力。但是对控制时间要求较严格、响应速度要求较快的系统,就需要精心编制程序,必要时还需要采取一些特殊功能,以减少因扫描周期过长造成的不良影响。

输入/输出滞后时间又称系统响应时间,是指 PLC 器输入信号发生变化时刻到它控制的输出信号发生变化的时刻之间的时间间隔。响应时间由输入电路滤波时间、输出电路的滞后时间和因扫描工作方式产生的滞后时间三部分组成。

输入模块的 RC 滤波电路主要用来消除由输入端引入的干扰噪声和因外部输入触点动作时产生的抖动所引起的不良影响。RC 电路的时间常数决定了输入滤波时间的长短,其典型值为 10 ms。

输出模块的滞后时间与模块的类型有关。继电器输出电路滞后时间一般在 10 ms 左右,晶体管型输出电路的滞后时间小于 1 ms,双向晶闸管输出电路在负载接通时的滞后时间约为 1 ms,负载由导通到断开时的最大滞后时间为 10 ms。

当 PLC 的 CPU 接收对应于输入扫描阶段的输入信号时,用于响应的时间主要取决于扫描周期。

1)PLC 的最小 I/O 响应时间

如果可编程控制器刚好在输入扫描阶段优先接收一输入信号,则响应最快。此时响应时间等于 PLC 的扫描周期加上输入延迟时间和输出延迟时间,如图 1 - 2 - 12 所示。

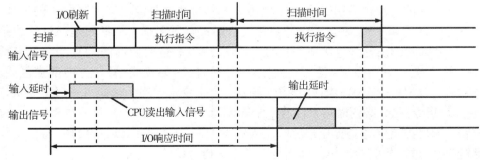

最小I/O响应时间=扫描时间+输入延迟时间+输出延迟时间

图 1 - 2 - 12　最小 I/O 滞后时间

2)PLC 最大 I/O 响应时间

如果 PLC 刚好在输入扫描阶段之后收到输入信号,则响应时间最长。因为 CPU 要到下一次扫描末尾刷新输出阶段之后才能读取输入信号,所以最大响应时间是输入延迟时间与输出延迟时间及两次扫描周期之和,如图 1 – 2 – 13 所示。

由上述知,扫描工作方式引起的延时时间最长可达两个多扫描周期。

总之,PLC 的响应延迟时间一般只有几十毫秒,对于一般的控制系统是适用的;而对于一些具有定时控制要求的系统或对输入/输出响应要求高的系统,可选用扫描速度快的 PLC 或采取其他措施。

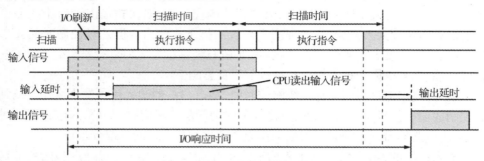

最大I/O响应时间=扫描时间×2+输入延迟时间+输出延迟时间

图 1 – 2 – 13 最大 I/O 滞后时间

拓展知识

本课题的拓展内容:编程语言和编程方法

1.编程语言

PLC 目前常用的编程指令:梯形图语言、助记符语言、顺序功能图。手持编程器常用助记符编程语言。计算机软件编程采用梯形图语言,也有采用顺序功能图的。

1)梯形图语言

梯形图的表达式沿用了原电气控制系统中的继电器接触器控制电路的形式,二者的构思基本一致,只是使用符号和表达形式有所区别。梯形图是通过连线把 PLC 指令的梯形图符号连接在一起的连通图,用以表达所使用的 PLC 指令及其前后顺序,与电气原理图很相似。它的连线有两种:一为母线;另一为内部横竖线。内部横竖线把一个个梯形图符号指令连成一个指令组。这个指令组一般总是从装载(LD)指令开始,必要时再继以若干个输入指令(含 LD 指令),以建立逻辑条件。最后为输出类指令,实现输出控制,或为数据控制、流程控制、通信处理、监控工作等指令,以进行相应的工作。母线是用来连接指令组的。

(1)梯形图按行从上至下编写,每一行从左往右顺序编写。PLC 程序执行顺序与梯形图的编写顺序一致。

(2)图左边、右边垂直线称为起始母线、终止母线。每一逻辑行必须从起始母线开始画起,终止于继电器线圈或终止母线(有些 PLC 终止母线可以省略)。

(3)梯形图的起始母线与线圈之间一定要有触点,而线圈与终止母线之间则不能有任何触点。

2）助记符语言

助记符语言又称命令语句表达式语言。它常用一些助记符来表示 PLC 某种操作，类似于微机中的汇编语言，但比汇编语言更直观易懂。同一厂家的 PLC 产品，其助记符语言与梯形图语言是相互对应的，可互相转换。

3）顺序功能图

顺序功能图（Sequential Function Chart，SFC）又称状态转移图。它是描述控制系统的控制过程、功能和特性的一种图形，也是设计可编程程序控制器的顺序控制程序的有力工具。顺序功能图具有直观、简单、逻辑性强等特点，使工作效率大为提高，而且程序调试极为方便。

2. 编程的方法

1）经验法

经验法是运用自己的经验或者借鉴他人已经成功的实例进行设计。可以按照控制系统的要求对已有相近或者类似的实例进行修改，直到满足控制系统的要求。在工作中应不断积累和收集资料，从而丰富设计经验。

2）解析法

PLC 的逻辑控制实际上就是逻辑问题的综合。可以根据组合逻辑或者时序逻辑的理论，并运用相应的解析方法，对其进行逻辑关系求解，按照求解的结果编制梯形图或者直接编写指令。解析法比较严谨，可以避免编程的盲目性。

3）图解法

图解法是依照画图的方法进行 PLC 程序设计。常见的方法有梯形图法、时序图法和流程图法。

梯形图法是最基本的方法，无论是经验法还是解析法，在把控制系统的要求转换为相同控制要求的等价梯形图时就要用到梯形图法。

时序图法适用于时间控制电路，先把对应信号的波形画出来，再依照时间顺序用逻辑关系去组合，就可以把控制程序设计出来。

流程图法使用框图表示 PLC 程序的执行过程及输入条件与输出之间的关系。在使用步进指令编程的情况下，采用该方法设计很方便。

图解法和解析法不是彼此独立的。解析法要画图，图解法也要列解析式，只是两种方法的侧重点不一样。

4）技巧法

技巧法是在经验法和解析法的基础上，运用技巧进行编程，以提高编程质量。还可以使用流程图，巧妙地将设计形式化，从而编制所需要的程序。该方法是多种编程方法的综合应用。

5）计算机辅助设计

计算机辅助设计是利用 PLC 编程软件在计算机上进行程序设计、离线或在线编程、离线仿真和在线调试等。该方法需要有相应的编程软件。

课后练习

(1)简述 PLC 的基本组成。
(2)简述 PLC 的工作原理。

 FX 系列 PLC 的操作

学习目标

(1)了解编程软件的安装。
(2)掌握 PLC 与计算机的连接及通信。

知识学习

一、GX Develope 编程软件的安装

系统支持 WINDOWS98/2000/XP,至少 512 MB 的内存,以及 100 MB 空余的硬盘空间。

(1)打开安装目录,先安装"EnvMEL\SETUP. EXE",再返回主目录,安装主目录下的"SETUP. EXE",双击安装运行文件,屏幕会弹出"安装程序对话框",表示正在进行软件安装前的准备,这个过程需要 1~2 min。准备工作完成后,进入 GXDevelop 的"设置程序"对话框,如图 1 - 3 - 1 所示画面。

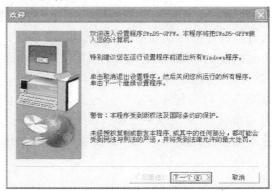

图 1 - 3 - 1 "设置程序"对话框

(2)单击"下一个"按钮,弹出"输入产品序列号"对话框,如图 1 - 3 - 2 所示。输入 GX 系列软件的通用序列号"570 - 986818410"。

(3)单击"下一个"按钮,弹出"选择部件"对话框,如图 1 - 3 - 3、图 1 - 3 - 4、图 1 - 3 - 5 所示。注意,图 1 - 3 - 3"监视专用"这里不能打钩,图 1 - 3 - 4 和图

1 - 3 - 5可以打钩。

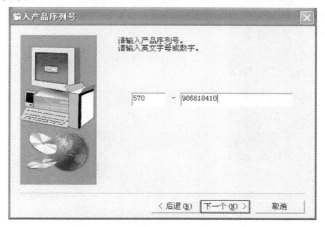

图1 - 3 - 2 "输入产品序列号"对话框

图1 - 3 - 3 "选择部件"对话框(1)

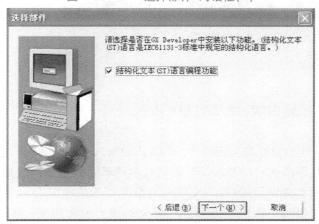

图1 - 3 - 4 "选择部件"对话框(2)

图1-3-5 "选择部件"对话框(3)

　　然后一直单击"下一个",程序就开始安装了。5~10 min后,安装完成,系统弹出提示,安装结束。在桌面上建立一个和"GX - Develop"相对应的图标,同时在桌面的"开始/程序"中建立一个"MELSOFT 应用程序——GX - Develop"选项。若需增加模拟仿真功能,在上述安装结束后,在运行安装盘中的"LLT"文件夹下的"STEUP"文件,按照逐级提示即可完成仿真功能的安装。

　　二、PLC 与计算机的连接及通信

　　1. 接口单元

　　采用 FX—232AWC 型 RS - 232/RS - 422 转换器(便携式)或 FX—232AW 型 RS - 232C/RS - 422(内置式),以及其他指定的转换器。

　　2. 通信电缆

　　采用 FX - 422CAB 型 RS - 422 缆线(用于 FX2、FX2C 型 PLC,0.3 m)或 FX - 422CAB - 150 型 RS - 422 缆线(用于 FX2、FX2C 型 PLC,1.5 m),以及其他指定的缆线。

拓展知识

本课题的拓展内容: FX 系列 PLC 简介

　　三菱 FX 系列小型可编程控制器,将 CPU 和输入/输出一体化,使用更为方便。为了进一步满足不同客户的要求,FX 系列有多种不同的型号供选择。另外更有多种的特殊功能模块提供给用户。FX 系列主要应用于机械配套,如注塑机、电梯控制、印刷机、包装机和纺织机等行业。三菱公司推出的常用 FX 系列小型、超小型 PLC 有 FX0、FX2、FX_{0N}、FX_{0S}、FX_{2C}、FX_{2N}、FX_{2NC}、FX_{1N}、FX_{1S} 等。

1. FX 系列 PLC 的命名

FX 系列 PLC 型号命名的基本格式为：

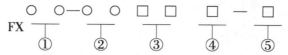

（1）系列序号 0、2、0N、0S、2C、2NC、1N、1S，即 FX 0、FX 2、FX 0N、FX 0S、FX 2C、FX 2N、FX 2NC、FX 1N 和 FX 1S。

（2）输入/输出的总点数：4～128 点

（3）单元区别：M－基本单元，E－输入/输出混合扩展单元及扩展模块，EX－输入专用扩展模块，EY－输出专用扩展模块。

（4）输出形式（其中输入专用无记号）：R－继电器输出，T－晶体管输出，S－晶闸管输出。

（5）特殊物品的区别：

D：DC 电源，DC 输入；

A1：AC 电源，AC 输入（AC 100～120 V）或 AC 输入模块；

H：大电流输出扩展模块；

V：立式端子排的扩展模式；

C：接插口输入/输出方式；

F：输入滤波器 1 ms 的扩展模块；

L：TTL 输入型模块；

S：独立端子（无公共端）扩展模块；

特殊物品无记号：AC 电源，DC 输入，横式端子排；

输出为继电器输出 2A/1 点、晶体管输出 0.5/1 点或晶闸管输出 0.3A/1 点的标准输出。

2. FX 系列 PLC 的基本组成

FX 系列 PLC 由基本单元、扩展单元、扩展模块及特殊功能单元构成。基本单元（Basic Unit）包括 CPU、存储器、输入/输出及电源，是 PLC 的主要部分。扩展单元（Extension Unit）是用于增加可编程控制器 I/O 点数的装置，内部设有电源。扩展模块（Extension Module）用于增加 PLC 的 I/O 点数，内部无电源，所用电源由基本单元或扩展单元供给。扩展单元及扩展模块无 CPU，必须与基本单元一起使用。特殊功能单元（Special Function Unit）是一些专门用途的装置。这里只对 FX2 系列 PLC 的基本单元、扩展单元、扩展模块的型号规格作简单介绍。

FX2 的基本单元、扩展单元、扩展模块的型号规格如表 1－3－1、表 1－3－2、表 1－3－3 所列。用 FX2 的基本单元与扩展单元或扩展模块可构成 I/O 点为 16～256 点的 PLC 系统。

表 1 - 3 - 1　　　FX2 基本单元型号规格

型　　号		输入点数	输出点数	扩展模块最大 I/O 点数
继电器输出	晶体管输出			
FX2 - 16MR	FX2 - 16MT	8	8	16
FX2 - 24MR	FX2 - 24MT	12	12	16
FX2 - 32MR	FX2 - 32MT	16	16	16
FX2 - 48MR	FX2 - 48MT	24	24	32
FX2 - 64MR	FX2 - 64MT	32	32	32
FX2 - 80MR	FX2 - 80MT	40	40	32
FX2 - 128MR	FX2 - 126MT	64	64	

表 1 - 3 - 2　　　FX2 扩展单元型号规格

型　　号	输入点数(24VDC)	输出点数	扩展模块最大 I/O 点数
FX - 32ER	16	16(继电器)	16
FX - 48ER	24	24(继电器)	32
FX - 48ET	24	24(晶体管)	32

表 1 - 3 - 3　　　FX2 扩展模块型号规格

型号	输入点数 (24V DC)	输出点数	型号	输入点数 (24V DC)	输出点数
FX - 8EX	8	—	FX - 16EYR	—	16(继电器)
FX - 16EX	16	—	FX - 16EYT	—	16(晶体管)
FX - 8EYR	—	8(继电器)	FX - 16ETS	—	16(晶闸管)
FX - 8EYT	—	8(晶体管)	FX - 8ER	4	4(继电器)
FX - 8EYS	—	8(晶闸管)			

　　FX2 系列的一般技术指标、输入技术指标、输出技术指标、电源技术指标和性能技术指标(Performance Specification),分别如表 1 - 3 - 4、表 1 - 3 - 5、表 1 - 3 - 6、表 1 - 3 - 7和表 1 - 3 - 8 所列。

表 1 - 3 - 4　　FX2 一般技术指标

环境温度	0 ~ 55℃	
环境湿度	35% ~ 89% RH	
抗振	JISC 0911 标准 10 ~ 55 Hz　0.5 mm(最大 ZG)3 轴方向各 2 h	
抗冲击	JISC 0912 标准 10G3 轴方向各 3 次	
抗噪声干扰	用噪声仿真器产生电压为 1000 Vp - p,噪声脉冲宽度为 1μs,周期为 30 ~ 100 Hz 的噪声,在此噪声干扰下 PLC 工作正常	
耐压	1 500 V　AC 1 min	各端子与接地端之间
绝缘电阻	5 MΩ 以上 500 V DC	
接地	第 3 种接地,不能接地时,亦可浮空	
使用环境	禁止腐蚀气体,严禁尘埃	

表1-3-5　　FX2输入技术指标

项　目	FX2-16M	FX2-24M	FX2-32M	FX2-48M	FX2-64M	FX2-80M
电源电压	100~240 V 50/60 Hz(120/240 V 电源系统)AC					
瞬间断电允许时间	对于10 ms 以下的瞬时断电,控制动作不受影响					
电源保险丝	250 V2A,φ5×20 mm			205 V5A,φ5×20 mm		
电力消耗(V.A)	30	35	40	50	60	70
有扩展部件	24 V DC 100 mA 以下(扩展16点)			24 V DC150 以下(扩展32点时)		
输入电压	24 V DC		隔离		光电隔离	
输入电流	7 mA		响应时间		10 ms	
注:输入端 X0~X17 的响应时间可由程序调整为 0~60 ms						

表1-3-6　　FX2输出技术指标

项　目		继电器	SSR 输出	晶体管输出
最大负载	外部电源	259 VAC,30 VDC 以下	85~242 VAC	5~30 VDC
	电阻负载	2 A/1 点	3A/1 点 0.8A/4 点	5 A/1 点 0.8/4 点
	感阴负载	80 V.A	15 VA/AC 100 V 30 V/A/AC 240 V	12 WDC24 V
	灯负载	100W	30W	1.5 WDC24 V
	开路漏电流	—	1 mA/AC 100 V 2.4 mA/AC 240 V	0.1 mA/30 VDC
	最小负载		4 V.A/AC 100 V 2.2 VA/AC 240 V	—

表1-3-7　FX2电源部分技术指标

响应时间	OFF 到 ON	约10 ms	1 ms 以下	0.2 ms 以下
	ON 到 OFF	约10 ms	最大10 ms	0.2 ms 以下
回路时间		继电器隔离	光电晶体管隔离	光电耦合器隔离
动作显示		继电器通过时 LDE 灯亮	光电晶闸管驱动 LDE 灯亮	光电耦合器隔离驱 动时 LDE 灯亮

课题四　　GX Develope 编程软件的应用

学习目标

(1)熟悉 GX Developer 软件界面。

(2)掌握梯形图的基本输入操作。

（3）掌握 GX Develope 编程软件的编辑、调试等基本操作，能够熟练录入程序并进行调试。

知识学习

一、编程软件简介

三菱 PLC 编程软件有几个版本，即早期的 FXGP/WIN－C 及现在常用的 GPPFOR Windows 和最新的 GX Developer（简称 GX）。实际上 GX Developer 是 GPP FOR Windows 的升级版本，但 GX Developer 界面更友好、功能更强大、使用更方便，主要具备以下功能：MELSEC PLC 的编程、监控、调试和维护；支持所有三菱 PLC 系列编程；可方便地在现场进行程序的在线更改；结构化程序的编写；对过去冗长的程序进行分割操作，从而更容易理解；单个 CPU 中可编写 28～124 个程序，可单独下载至 PLC；可制作成标准化程序，在同类系统中使用。

二、GX 编程软件的界面

在计算机上安装好 GX 编程软件后，双击桌面上的 GX Developer 图标，即可启动 GX Developer 软件。其界面如图 1－4－1 所示。

图 1－4－1　运行 GX 后的界面

1. 菜单栏

GX 编程软件有 10 个菜单项，每个菜单又有若干个子菜单项。许多基本相同菜单项的使用方法和目前文本编辑软件的同名菜单项的使用方法基本相同。多数使用者很少直接使用菜单项，而是使用快捷工具。常用的菜单项都有相应的快捷按钮，GX Developer 的快捷键直接显示在相应菜单项的右边。

2. 快捷工具条

GX Developer 共有 9 个工具条，即标准、数据切换、梯形图符号、程序、注释、软元件内存、SFC、SFC 符号、ST 工具条。用鼠标单击"显示"菜单下的"工具条"命令，即可选用这些工具条。常用的有标准、梯形图符号、程序工具条等，将鼠标指针停留在快捷按钮上片刻，即可获得该按钮的提示信息，如图 1－4－2、图 1－4－3 所示。

3.编辑区

编辑区是程序、注解、注释、参数等的编辑区域,如图 1-4-4 所示。

4.工程数据列表

以树状结构显示工程的各项内容,如程序、软元件注释、参数等。

5.状态栏

显示当前的状态,如鼠标所指按钮功能提示、读写状态、PLC 的型号等内容。

图 1-4-2　工具条

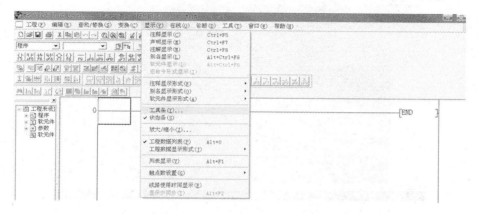

图 1-4-3　显示工具条

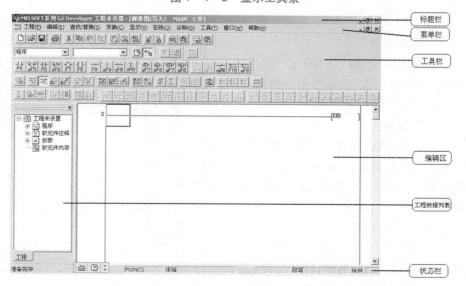

图 1-4-4　程序的编辑窗口

三、GX 编程软件的使用

1.工程的打开与关闭

双击桌面上的 GX Developer 图标,图 1-4-5 所示为打开的 GX Developer 窗口;用鼠标选取"工程"菜单下的"关闭"命令或者单击右上角的 X ,即可退出 GX Developer 系统。

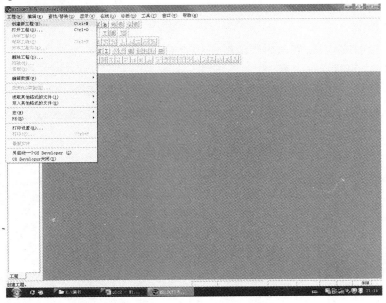

图 1-4-5　建立新工程画面

2.文件的管理

1)创建新工程

用鼠标选取"工程"菜单下的"创建新工程"命令,或者按"Ctrl+N"键操作,在出现的"创建新工程"对话框中选择 PLC 类型,如选择 FX2N 系列 PLC 后,单击"确定"按钮,如图 1-4-6 所示。

2)文件的保存

保存当前 PLC 程序、注释数据以及其他在同一文件名下的数据。操作方法是单击"工程"菜单下的"保存工程"命令,或"Ctrl+S"键操作即可。

3)打开已有工程

打开"工程"菜单下的"打开工程"命令,或按"Ctrl+O"键,在出现的"打开工程"对话框中选择已有工程,单击"打开"按钮,如图 1-4-7

图 1-4-6　建立新工程画面

所示。

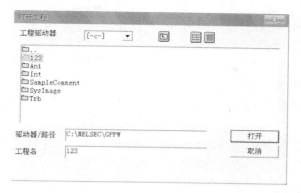

图 1-4-7 "打开工程"对话框

3. 梯形图程序的编制

1) 图 1-4-8 梯形图的输入

在工具栏中单击对应的触点或线圈,并输入触点或线圈的名称,如图 1-4-9 所示。

梯形图输入的三种方法:

(1) 用鼠标在工具栏中单击对应的触点或线圈。

(2) 直接利用快捷键,在键盘上就可以完成。

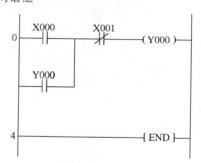

图 1-4-8 梯形图

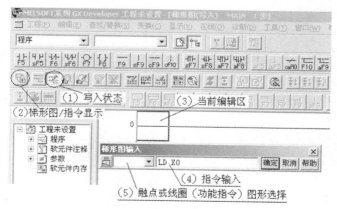

图 1-4-9 程序编制画面

(3) 输入指令语句来完成梯形图的编制。

下面通过一个实例来说明在 GX 软件中如何用指令语句的方式完成梯形图的输入。输入图 1-4-10 所示的梯形图,从第一句指令开始,直接输入 LD,会出现相应的对话框,输入 X0,依次完成。编制程序的画面如图 1-4-11 所示。

2）编辑操作

通过执行"编辑"菜单栏中的指令,对输入的程序进行修改和检查,如图1-4-12所示。

（1）删除、插入、绘制连线。对某个图形符号或整体进行删除、插入。

（2）修改。未变换前,直接输入正确的进行覆盖;若已变换,则单击"编辑"中的"写入模式"进行修改。

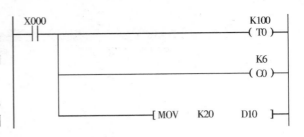

图1-4-10　用鼠标和键盘
操作的梯形图

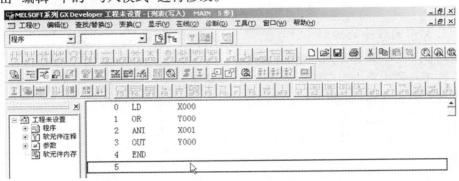

图1-4-11 指令方式编制程序的画面

图1-4-12　编辑操作画面

（3）复制、粘贴、保存、打开工程。

（4）梯形图的转换。完成梯形图的输入后会发现画面呈现灰色底,此时需要对梯形图进行变换,以利于程序的传输。如图1-4-13所示,在工具栏中单击"变换",梯形图立刻呈现白色底,变换完成。

（5）程序的检查。单击"诊断"菜单下的"PLC诊断"命令,弹出如图1-4-14所示的"PLC诊断"对话框,进行程序检查。

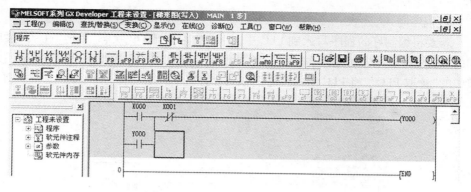

图 1-4-13　程序变换前的画面

4. 程序的传送

1）PLC 与计算机的连接

FX 系列 PLC 与计算机通信使用的是"RS－232C/RS－422 转换器"，其中计算机的 RS－232C 为 9 针端口，而与 PLC 连接的 RS－422 为 7 针端口，连接时可利用针数的不同进行识别。

2）进行通信设置

通信界面设置如图 1-4-15 所示，一般只需设置串口 COM 即可，其他默认。

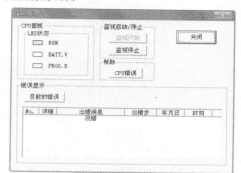

图 1-4-14　PLC 诊断

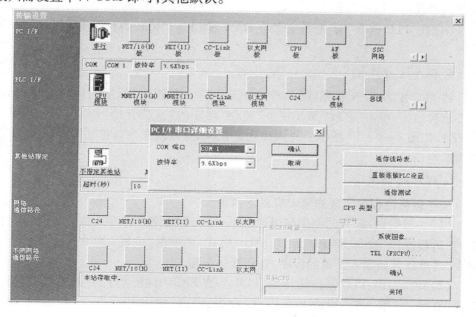

图 1-4-15　通信设置画面

35

3)程序写入、读取

若要将编制好的程序写入到 PLC 中,将 PLC 置为 STOP 状态,单击"在线"菜单中的"写入 PLC",则出现如图 1-4-16 所示窗口。在 STOP 状态下,单击"在线"菜单中的"读取 PLC",将 PLC 中的程序读取到计算机中。

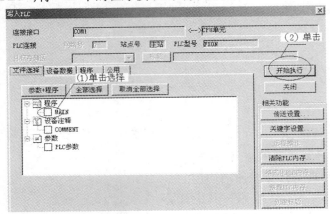

图 1-4-16   程序写入画面

传送程序时,应注意以下问题。

(1)计算机的 RS-232C 端口及 PLC 之间必须用指定的通信电缆。

(2)PLC 必须在"STOP"状态下,才能执行程序传送。

(3)执行完"PLC 写入"命令后,PLC 中的程序将丢失,原有的程序将被读入的程序所替代。

(4)在"PLC 读取"时,程序必须在 RAM 或 EE-PROM 内存保护关断的情况下读取。

5.程序运行监控

将 PLC 置为 RUN 状态,则 PLC 开始运行输入的程序,程序的运行可利用 GX 软件进行监控:单击"在线"菜单栏下"监控"栏中的"监控开始"(也可用快捷键方式 F3),如图 1-4-17 所示。界面出现变化,触点或线圈为蓝色底则表示通电,否则为断电。

6.程序的调试

程序运行过程中出现的错误有以下两种。

(1)一般错误:运行的结果与设计的不一致,需要修改程序。单击"在线"菜单下的"远程操作"命令,将 PLC 设为 STOP 模式,再单击"编辑"菜单下的"写模式"命令,再重新开始输入正确的程序,直到程序正确。

(2)致命错误:PLC 停止运行后,PLC 上的 ERROR 指示灯亮,需要修改程序。单击"在线"菜单下的"清除 PLC 内存"命令,弹出"清除 PLC 内存"对话框,如图 1-4-18所示。将 PLC 内的错误全部清除后,再重新开始输入正确的程序,直到程序正确。

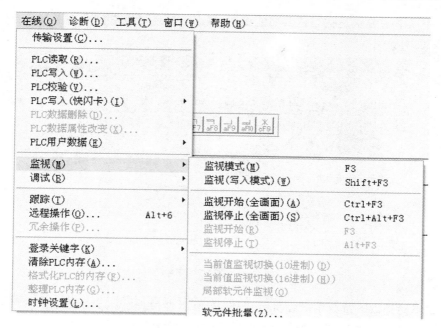

图 1-4-17　监视操作

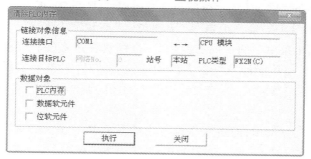

图 1-4-18　清除 PLC 内存

拓展知识

本课题的拓展内容：FXGP/WIN-C 软件简介

1. 利用 PC-09 编程电缆连接 PLC 与微机

2. 启动 FXGP/WIN-C 软件

运行 SWOPC-FXGP/WIN-C 软件后，将出现初始启动画面，单击初始启动界面菜单栏中"文件"菜单，并在下拉菜单条中选取"新文件"菜单条，选择 FX2N 机型，单击"确认"按钮后，则出现程序编辑主界面，如图 1-4-19 所示。主界面包含以下几个分区：菜单栏（包括 11 个主菜单项），工具栏（快捷操作窗口），用户编辑区,编辑区下边分别是状态栏及功能键栏,界面右侧还可以看到功能图栏。下面分别予以说明。

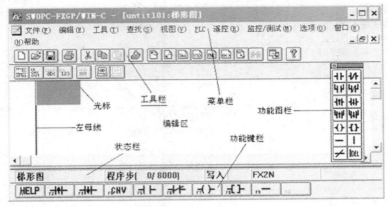

图 1 - 4 - 19　程序编辑主界面

1）菜单栏

菜单栏是以下拉菜单形式进行操作,菜单栏中包含"文件"、"编辑"、"工具"、"查找"、"视图"、"PLC"、"遥控"、"监控及调试"等菜单项。单击某项菜单项,弹出该菜单项的菜单条,如"文件"菜单项包含"新建"、"打开"、"保存"、"另存为"、"打印"、"页面设置"等菜单条,"编辑"菜单项包含"剪切"、"复制"、"粘贴"、"删除"等菜单条。这两个菜单项的主要功能是管理、编辑程序文件。菜单条中的其他项目,如"视图"菜单项功能涉及编程方式的变换,"PLC"菜单项主要进行程序的下载、上传传送,"监控及调试"菜单项的功能为程序的调试及监控等。

2）工具栏

工具栏提供简便的鼠标操作,将最常用的 SWOPC - FXGP/WIN - C 编程操作以按钮形式设定到工具栏上。可以利用菜单栏中的"视图"菜单选项来显示或隐藏工具栏。菜单栏中涉及的各种功能在工具栏中都能找到。

3）编辑区

编辑区用来显示编程操作的工作对象。可以使用梯形图、指令表等方式进行程序的编辑。使用菜单栏中"视图"菜单项中的梯形图及指令表菜单条,实现梯形图程序与指令表程序的转换。也可利用工具栏中梯形图及指令表的按钮实现梯形图程序与指令表程序的转换。

4）状态栏、功能键栏及功能图栏

编辑区下部是状态栏,用于表示编程 PLC 类型、软件的应用状态及所处的程序步数等。状态栏下为功能键栏,它与编辑区中的功能图栏都含有各种梯形图符号,相当于梯形图绘制的图形符号库。

3．程序编辑操作

1）采用梯形图方式时的编辑操作

采用梯形图编程是在编辑区中绘出梯形图,打开"文件"菜单项目中的新文件,主窗口左边可以见到一根竖直的线,就是梯形图中左母线。蓝色的方框为光标,梯形图的绘制过程是取用图形符号库中的符号,"拼绘"梯形图的过程。比如要输入一个常开触点,可单击功能图栏中的常开触点,也可以在"工具"菜单中选"触点",并在下拉菜单中单击"常开触点"的符号,这时出现图1-4-20所示的对话框,在对话框中输入触点的地址及其他有关参数后单击"确认"按钮,要输入的常开触点及其他地址就出现在蓝色光标所在的位置。

模块一 PLC应用基础知识

图1-4-20 "输入元件"对话框

如需输入功能指令,单击工具菜单中的"功能"菜单或单击功能图栏及功能键中的功能按钮,即可弹出如图1-4-21所示的对话框。然后在对话框中填入功能指令的助记符及操作数,单击"确认"按钮即可。

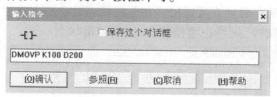

图1-4-21 "输入指令"对话框

这里要注意的是,功能指令的输入格式一定要符合要求,如助记符与操作数间要有空格,指令的脉冲执行方式中加的"P"与指令间不能有空格,32位指令需在指令助记符前加"D"也不能有空格。梯形图符号间的连线可通过工具菜单中的"连线"菜单选择水平线与竖线完成。另外还需注意,不论绘制什么图形,先要将光标移到需要绘这些符号的地方。梯形图符号的删除可利用计算机的删除键,梯形图竖线的删除可利用菜单栏中"工具"菜单中的"竖线删除"。梯形图元件及电路块的剪切、复制和粘贴等方法与其他编辑类软件操作相似。还有需强调的一点是,当绘出的梯形图需保存时要先单击菜单栏中"工具"项下拉菜单的"转换"。转换成功后才能保存,如梯形图未经转换,单击"保存"按钮存盘即关闭编辑软件,编绘的梯形图将丢失。

2)采用指令表方式的编程操作

采用指令表编程时可以在编辑区光标位置直接输入指令表,一条指令输入完毕后,按回车键将光标移至下一条指令,则可输入下一条指令。指令表编辑方式中指令的修改也十分方便,将光标移到需修改的指令上,重新输入新指令即可。

程序编制完成后可以利用菜单栏中的"选项"菜单项下"程序检查"功能对程序作语法及双线圈的检查,如有问题,软件会提示程序存在的错误。

4.程序的下载

程序编辑完成后需下载到 PLC 中运行,这时需单击菜单栏中"PLC"菜单,在下拉菜单中再选"传送"及"写入",即可将编辑完成的程序下载到 PLC 中。传送菜单中的"读入"命令则用于将 PLC 中的程序读入编程计算机中修改。PLC 中一次只能存入一个程序。下载新程序后,旧的程序即被删除。

5.程序的调试及运行监控

程序的调试及运行监控是程序开发的重要环节,很少有程序一经编制就是完善的,只有经过试运行甚至现场运行才能发现程序中不合理的地方并且进行修改。

SWOPC – FXGP/WIN – C 编程软件具有监控功能,可用于程序的调试及监控。

1)程序的运行及监控

程序下载后仍保持编程计算机与 PLC 的联机状态并启动程序运行,编辑区显示梯形图状态。单击菜单栏中"监控/测试"菜单项后,选择"开始监控"菜单条即进入元件的监控状态。此时,梯形图上将显示 PLC 中各触点的状态及各数据存储单元的数值变化。如图 1 - 4 - 22 所示,图中有长方形光标显示的位元件处于接通状态,数据元件中的存数则直接标出。在监控状态时单击菜单栏中"监控/测试"菜单项并选择"停止监控"则终止监控状态,回到编辑状态。

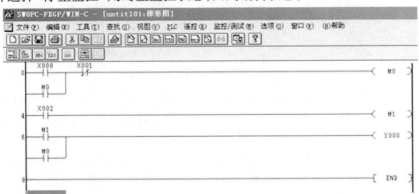

图 1 - 4 - 22　位元件处于接通状态

元件状态的监视还可以通过表格方式实现。编辑区显示梯形图或指令表状态下,单击菜单栏中"监控/测试"菜单后再选择"进入元件监控",进入"元件监控状态"对话框。这时可在对话框中设置需监控的元件,当 PLC 运行时就可显示运行中各元件的状态。

2）位元件的强制状态

在调试中可能需要 PLC 的某些位元件处于 ON 或 OFF 状态,以便观察程序的反应。这可以通过"监控/测试"菜单项中的"强制 Y 输出"及"强制 ON/OFF"命令实现。选择这些命令时将弹出对话框,在对话框中设置需强制的内容并单击"确定"按钮即可。

3）改变 PLC 字元件的当前值

在调试中有时需改变字元件的当前值,如定时器、计算器的当前值及存储单元的当前值等。具体操作也是从"监控/测试"菜单中进入,选择"改变当前值"并在弹出的对话框中设置元件及数值后单击"确定"按钮即可。

课后练习

GX 软件使用练习

（1）按图 1-4-23 输入程序,根据控制要求运行程序,观察输出指示灯的变化情况。

（2）按图 1-4-24 输入程序,运行程序后闭合一下 X0,观察输出指示灯的变化情况。

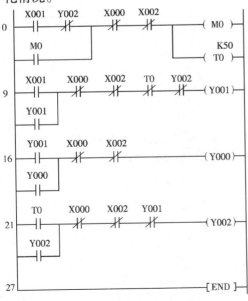

图 1-4-23 GX 软件使用实例 1

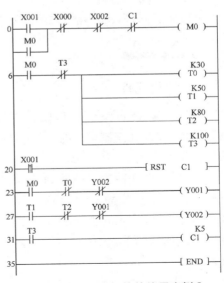

图 1-4-24 GX 软件使用实例 2

模块二 | PLC 的基本指令

学习目标

（1）掌握 PLC 基本指令的含义及用法。
（2）掌握程序的优化方法。
（3）了解双线圈的含义。

课题一 异步电动机的点动运行

学习目标

（1）了解 PLC 的相关术语。
（2）进一步理解 PLC 系统的工作原理。
（3）掌握输入、输出继电器。
（4）掌握取、取反和输出指令及梯形图。

知识学习

一、编程元件

不同厂家、不同系列的 PLC，其内部软继电器（编程元件）的功能和编号也不相同。因此，用户在编制程序时，必须熟悉选用 PLC 的每条指令所涉及的编程元件的功能和编号。

FX 系列中几种常用型号 PLC 的编程元件及编号如表 2－1－1 所列。FX 系列 PLC 编程元件的编号由字母和数字组成，其中输入继电器和输出继电器用八进制数字编号，其他均采用十进制数字编号。为了能全面了解 FX 系列 PLC 的内部软继电器，本书以 FX_{2N} 为例进行介绍。FX 系列 PLC 的内部软继电器如表 2－1－1 所列。

表 2-1-1　FX 系列 PLC 的内部软继电器及编号

PLC 型号 编程元件种类		FX₀S	FX₁S	FX₀N	FX₁N	FX₂N（FX₂NC）
输入继电器 X （按 8 进制编号）		X0 ～ X17 （不可扩展）	X0 ～ X17 （不可扩展）	X0 ～ X43 （可扩展）	X0 ～ X43 （可扩展）	X0 ～ X77 （可扩展）
输出继电器 Y （按 8 进制编号）		Y0 ～ Y15 （不可扩展）	Y0 ～ Y15 （不可扩展）	Y0 ～ Y27 （可扩展）	Y0 ～ Y27 （可扩展）	Y0 ～ Y77 （可扩展）
辅助 继电器 M	普通用	M0 ～ M495	M0 ～ M383	M0 ～ M383	M0 ～ M383	M0 ～ M499
	保持用	M496 ～ M511	M384 ～ M511	M384 ～ M511	M384 ～ M1535	M500 ～ M3071
	特殊用	M8000 ～ M8255（具体见使用手册）				
状态 寄存器 S	初始状态用	S0 ～ S9	S0 ～ S9	S0 ～ S9	S0 ～ S9	S0 ～ S9
	返回原点用	—	—	—	—	S10 ～ S19
	普通用	S10 ～ S63	S10 ～ S127	S10 ～ S127	S10 ～ S999	S20 ～ S499
	保持用	—	S0 ～ S127	S0 ～ S127	S0 ～ S999	S500 ～ S899
	信号报警用	—	—	—	—	S900 ～ S999
定时器 T	100ms	T0 ～ T49	T0 ～ T62	T0 ～ T62	T0 ～ T199	T0 ～ T199
	10ms	T24 ～ T49	T32 ～ T62	T32 ～ T62	T200 ～ T245	T200 ～ T245
	1ms			T63		
	1ms 累积		T63		T246 ～ T249	T246 ～ T249
	100ms 累积				T250 ～ T255	T250 ～ T245
计数器 C	16 位增计数 （普通）	C0 ～ C13	C0 ～ C15	C0 ～ C15	C0 ～ C15	C0 ～ C99
	16 位增计数 （保持）	C14、C15	C16 ～ C31	C16 ～ C31	C16 ～ C199	C100 ～ C199
	32 位可逆计数 （普通）	—	—	—	C200 ～ C219	C200 ～ C219
	32 位可逆计数 （保持）	—	—	—	C220 ～ C234	C220 ～ C234
	高速计数器	C235 ～ C255（具体见使用手册）				
数据 寄存器 D	16 位普通用	D0 ～ D29	D0 ～ D127	D0 ～ D127	D0 ～ D127	D0 ～ D199
	16 位保持用	4D30、D31	D128 ～ D255	D128 ～ D255	D128 ～ D7999	D200 ～ D7999
	16 位特殊用	D8000 ～ D8069	D8000 ～ D8255	D8000 ～ D8255	D8000 ～ D8255	D8000 ～ D8195
	16 位变址用	V Z	V0 ～ V7 Z0 ～ Z7	V Z	V0 ～ V7 Z0 ～ Z7	V0 ～ V7 Z0 ～ Z7
指针 N、P、I	嵌套用	N0 ～ N7	N0 ～ N7	N0 ～ N7	N0 ～ N7	N0 ～ N7
	跳转用	P0 ～ P63	P0 ～ P63	P0 ～ P63	P0 ～ P127	P0 ～ P127
	输入中断用	I00 * ～ I30 *	I00 * ～ I50 *	I00 * ～ I30 *	I00 * ～ I50 *	I00 * ～ I50 *
	定时器中断	—	—	—	—	I6 * * ～ I8 * *
	计数器中断	—	—	—	—	I010 ～ I060
常数 K、H	16 位	K：－32 768 ～ 32 767			H：0000 ～ FFFFH	
	32 位	K：－2 147 483 648 ～ 2 147 483 647			H：00000000 ～ FFFFFFFF	

模块二　PLC 的基本指令

二、基本指令

1. 指令功能

(1) LD(取指令),一个常开触点与左母线连接的指令,每一个以常开触点开始的逻辑行都用此指令。

(2) LDI(取反指令),一个常闭触点与左母线连接的指令,每一个以常闭触点开始的逻辑行都用此指令。

(3) LDP(取上升沿指令),与左母线连接的常开触点的上升沿检测指令,仅在指定位元件的上升沿(由 OFF→ON)时接通一个扫描周期。

(4) LDF(取下降沿指令),与左母线连接的常闭触点的下降沿检测指令。

(5) OUT(输出指令),对线圈进行驱动的指令,也称为输出指令。

(6) END(结束指令),程序结束指令,表示程序结束,返回起始地址。

2. 取指令与输出指令的使用说明

(1) LD、LDI 指令既可用于输入左母线相连的触点,也可与 ANB、ORB 指令配合实现块逻辑运算。

(2) LDP、LDF 指令仅在对应元件有效时维持一个扫描周期的接通。

(3) LD、LDI、LDP、LDF 指令的目标元件为 X、Y、M、T、C、S。

(4) OUT 指令可以连续使用若干次(相当于线圈并联),对于定时器和计数器,在 OUT 指令之后应设置常数 K 或数据寄存器。

(5) OUT 指令目标元件为 Y、M、T、C 和 S,但不能用于 X。

(6) 在程序中写入 END 指令,将强制结束当前的扫描执行过程,即 END 指令后的程序不再扫描,而是直接进行输出处理。调试时,可将程序分段后插入 END 指令,从而依次对各程序段的运算进行检查。

一个最简单的指令应用程序如图 2−1−1 所示。

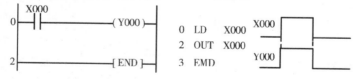

图 2−1−1 梯形图、指令表和时序图

三、编程器件

1. 输入继电器

输入继电器(X)与输入端相连,专门用来接收 PLC 外部开关信号的器件。PLC 通过输入接口将外部输入信号的状态(接通时为"1",断开时为"0")读入并存储在输入映像寄存器中。

输入继电器必须由外部信号驱动,不能用程序驱动,所以在程序中不可能出现它的线圈。由于输入继电器反映输入映像寄存器的状态,所以其触点的使用次数不限。

FX 系列 PLC 的输入继电器采用 X 和八进制共同组成编号,FX2N 型 PLC 的输入继电器编号范围为 X0 ~ X267。

注意:基本单元输入继电器的编号是固定的,扩展单元和扩展模块是从与基本单元最靠近处开始,顺序进行编号的。例如,基本单元 FX2N – 48M 的输入继电器编号为 X0 ~ X27,如果接有扩展单元或扩展模块,则扩展的输入继电器从 X37 开始编号。

2. 输出继电器

输出继电器(Y)是用来将 PLC 内部信号输出送给外部负载(用户输出设备)的器件。输出继电器线圈是由 PLC 内部程序的指令驱动,其线圈状态传送给输出单元,再由输出单元对应的硬触点来驱动外部负载。

每个输出继电器在输出单元中都对应唯一的一个常开硬触点,但在程序中供编程的输出继电器,不管是常开触点还是常闭触点,都是软触点,所以可以使用无数次。

FX 系列 PLC 的输出继电器采用 Y 和八进制共同组成编号。其中 FX2N 编号范围为 Y000 ~ Y267。与输入继电器一样,基本单元的输出继电器编号是固定的,扩展单元和扩展模块的编号也是从基本单元最靠近处开始,顺序进行编号的。

在实际使用中,输入/输出继电器的数量,要视系统的具体配置情况而定。

工作任务

一、任务要求

如图 2 – 1 – 2 所示是电动机点动运行电路,按下启动按钮 SB,KM 的线圈通电,主触点闭合,电动机开始运行,SB 被放开后,主触点断开,使电动机 M 停止运行。本课题的工作任务就是如何将它改造成 PLC 控制系统。

二、任务分析

1. 输入/输出点的确定

为了实现电动机的点动运行控制,PLC 需要一个输入触点和一个输出触点,输入/输出触点分配如表 2 – 1 – 2 所列。

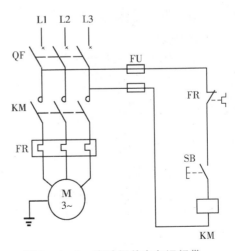

图 2 – 1 – 2 电动机单方向运行带点动的控制电路原理图

表2-1-2　　　电动机单方向运行带点动的控制输入/输出点分配表

输入(I)			输出(O)		
输入继电器	输入元件	作用	输出继电器	输出元件	作用
X0	SB	启动按钮	Y0	KM	交流接触器

2. PLC 控制接线图

根据输入/输出点分配,画出
PLC 的接线图如图2-1-3所示。

3. PLC 梯形图

根据控制要求,设计的梯形图
如图2-1-4所示。

4. 指令语句表

0　LD　X000

2　OUT Y000

3　END

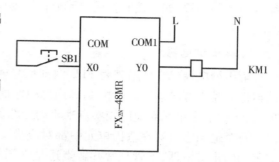

图2-1-3　PLC 控制系统实现的
异步点动单向控制外部接线图

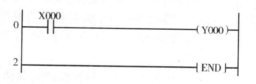

图2-1-4　电动机点动运行梯形图

拓展知识

本课题的拓展内容:梯形图使用的符号、概念及注意事项

前面曾讲过,梯形图与继电器逻辑图的设计思想一致,具体表达方式有点区别。PLC 的梯形图使用的是"软元件"(I 点、O 点、内部辅助继电器、计数器等),是PLC 存储器中的某一位,由软件(用户程序)实现逻辑运算,使用和修改灵活方便。靠硬接线组成逻辑运算的继电器控制线路是无法与之相比的。

一、梯形图中的符号、概念

梯形图沿用了继电器逻辑图的一些画法和概念。

(1)母线,梯形图的两侧各有 1 条垂直的公共母线(Busbar),有的 PLC 省却了右侧的垂直母线(如 OMRON 系列的 PLC),母线之间是触点和线圈,用短路线连接。

(2)触点,PLC 内部的 I/O 继电器、辅助继电器、特殊功能继电器、定时器、计数器、移位寄存器的常开/常闭触点,都用表 2-1-3 所列的符号表示,通常用字母数字串或 I/O 地址标注。触点实质上是存储器中某 1 位,其逻辑状态与通断状态间的关系见表 2 - 1 - 3。这种触点在 PLC 程序中可被无限次地引用。触点放置在梯形图的左侧。

表 2 - 1 - 3　触点、线圈的符号

俗称名称	符号	说明
常开触点	—| |—	1 为触点"接通",0 为触点"断开"
常闭触点	—|/|—	1 为触点"断开",0 为触点"接通"
继电器线圈	—○—	1 为线圈"得电"激励,0 为线圈"失电"不激励

(3)继电器线圈,对 PLC 内部存储器中的某一位写操作时,这一位便是继电器线圈,用表 2 - 1 - 3 所列的符号表示,通常用字母数字串、输出点地址、存储器地址标注。线圈一般有输出继电器线圈、辅助继电器线圈。它们不是物理继电器,而仅是存储器中的 1 位(bit)。一个继电器线圈在整个用户程序中只能使用一次(写),但它还可当做该继电器的触点在程序中的其他地方无限次引用(读),既可常开,也可常闭。继电器线圈放置在梯形图的右侧。

(4)能流,能流是梯形图中的"概念电流",利用"电流"这个概念可帮助我们更好地理解和分析梯形图。假想在梯形图垂直母线的左、右两侧加上 DC 电源的正、负极,"概念电流"从左向右流动,反之不行。

二、梯形图使用应注意事项

(1)梯形图中的触点、线圈不是物理触点和线圈,而是存储器中的某 1 位。相应位为 I/O 时表示的意义参见表 2 - 1 - 3。

(2)用户程序的运算是根据 PLC 的 I/O 状态表示存储器中的内容,而不是外部 I/O 开关的状态。

(3)梯形图中用户逻辑运算结果,可以立即被后面用户程序所引用。

(4)输出线圈只对应输出状态表示存储器中的相应位,并不是用该编程元件直接驱动现场执行机构。该位的状态是通过输出刷新,输出到输出模块上,控制对应的输出元件(继电器、可控硅、晶体管),是输出元件驱动现场执行机构。

(5)PLC 内部辅助继电器线圈不能做输出控制用,它们只是 PLC 内部存储器中的一位,起中间暂存作用。

(6)触点和线圈只能作水平元件用,不能作垂直元件用(如图 2 - 1 - 5(a)、图 2 - 1 - 5(b)所示)。

(7)梯形图中能流总是从左到右流动。在两行触点的垂直短路线上,能流可从上到下,也可从下到上流动。图 2 - 1 - 6 中虚线路径不会成为能流的流动路径,这点与继电器逻辑图有较大的差别。

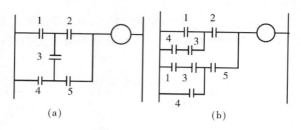

图 2-1-5 梯形图举例 1

(a)错误;(b)正确

(8)梯形图网络可由多个支路组成,每个支路可容纳多个编程元件。每个网络允许的支路条数、每条支路容纳的元件个数,各 PLC 限制不一样。

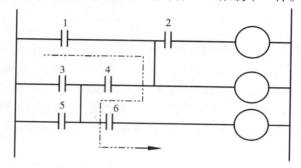

图 2-1-6 能流路径说明

课后练习

(1)以异步电动机电动运行为例,说明 PLC 工作过程。

(2)FX 系列 PLC 有哪些编程软元件?

三相异步电动机连续运行的 PLC 控制

学习目标

(1)掌握软元件的常开、常闭触点的应用。

(2)掌握触点串联、并联指令、置位与复位指令。

知识学习

一、基本指令

1.触点串联指令(AND/ANI/ANDP/ANDF)

(1)AND(与指令),一个常开触点串联连接指令,完成逻辑"与"运算。

（2）ANI（与反指令），一个常闭触点串联连接指令，完成逻辑"与非"运算。

（3）ANDP，上升沿检测串联连接指令。

（4）ANDF，下降沿检测串联连接指令。

触点串联指令的使用如图2－2－1所示：

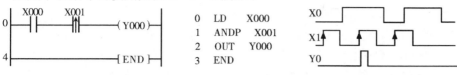

图2－2－1　触点串联指令的使用

使用触点串联指令时应注意：

①AND、ANI、ANDP、ANDF 都是单个触点串联连接的指令，串联次数没有限制，可反复使用；

②AND、ANI、ANDP、ANDF 的目标元件为 X、Y、M、T、C 和 S。

2. 触点并联指令（OR/ORI/ORP/ORF）

（1）OR（或指令），用于单个常开触点的并联，实现逻辑"或"运算。

（2）ORI（或非指令），用于单个常闭触点的并联，实现逻辑"或非"运算。

（3）ORP，上升沿检测并联连接指令。

（4）ORF，下降沿检测并联连接指令。

触点并联指令的使用如图2－2－2所示：

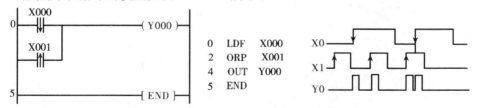

图2－2－2　触点并联指令的使用

使用触点并联指令时应注意：

①OR、ORI、ORP、ORF 指令都是指单个触点的并联，并联触点的左端接到 LD、LDI、LDP 或 LPF 处，右端与前一条指令对应触点的右端相连。触点并联指令连续使用的次数不限；

②OR、ORI、ORP、ORF 指令的目标元件为 X、Y、M、T、C、S。

3. 置位与复位指令（SET/RST）

（1）SET（置位指令），使被操作的目标元件置位并保持。

（2）RST（复位指令），使被操作的目标元件复位并保持清零状态。

SET、RST 指令的使用如图2－2－3所示。当 X0 常开接通时，Y0 变为 ON 状态并一直保持该状态，即使 X0 断开，Y0 的 ON 状态仍维持不变；只有当 X1 的常开闭合时，Y0 才变为 OFF 状态并保持，即使 X1 常开断开，Y0 也仍为 OFF 状态。

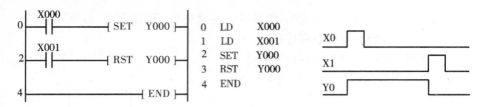

图2－2－3　置位与复位指令的使用

使用 SET、RST 指令时应注意：

（1）SET 指令的目标元件为 Y、M、S，RST 指令的目标元件为 Y、M、S、T、C、D、V、Z。RST 指令常被用来对 D、Z、V 的内容清零，还用来复位积算定时器和计数器。

（2）对于同一目标元件，SET、RST 可多次使用，顺序也可随意，但最后执行者有效。

工作任务

一、任务要求

如图2－2－4所示是三相异步电动机连续运行电路原理图，KM 为交流接触器，SB2 为启动按钮，SB1 为停止按钮，FR 为过载保护热继电器。当按下 SB2 时，KM 的线圈通电吸合，KM 主触点闭合，电动机开始运行，同时 KM 的辅助常开触点闭合而使 KM 线圈保持吸合，实现了电动机的连续运行直到按下停止按钮 SB1。本任务就是研究用 PLC 实现如图2－2－4所示的控制。

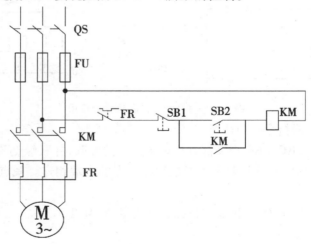

图2－2－4　三相异步电动机连续运行电路原理图

二、任务分析

PLC 控制系统中的所有输入触点类型全部采用常开触点。即 SB2 启动按钮、SB1 停止按钮和 FR 过载保护热继电器全部接入常开触点，如图2－2－5所示的

PLC 的接线图,由此设计的梯形图如图 2-2-6 所示,当 SB1、FR 不动作时,X1、X2 不接通,X1、X2 的常开触点断开常闭触点闭合,所以在梯形图中 X1、X2 要使用常闭触点,确保 X1、X2 的外接器件不动作,X1、X2 接通,为启动做好准备,只要按下 SB2,X0 接通,X0 的常开触点闭合,驱动 Y0 动作,使 Y0 外接的 KM 线圈吸合,KM 的主触点闭合,主电路接通,电动机 M 运行。梯形图中 Y0 的常开触点接通,使得 Y0 的输出保持,维持电动机的连续运行,直到按下 SB1,此时 X1 接通,常闭触点断开,使 Y0 断开,Y0 外接的 KM 线圈释放,KM 的主触点断开,主电路断开,电动机 M 停止运行。

1. 输入/输出点的确定

为了将如图 2-2-4 所示的控制电路用 PLC 来实现,PLC 需要 3 个输入点,1 个输出点,输入/输出点分配见表 2-2-1。

表 2-2-1　PLC 控制三相异步电动机连续运行的输入/输出点分配表

输入(I)			输出(O)		
输入继电器	输入元件	作用	输出继电器	输出元件	作用
X0	SB2	启动按钮	Y0	KM1	运行用交流接触器
X1	SB1	停止按钮			
X2	FR	过载保护			

2. PLC 控制接线图

根据输入/输出点分配,画出 PLC 的接线图如图 2-2-5 所示。

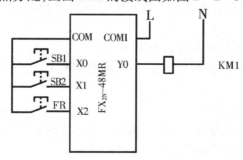

图 2-2-5　PLC 控制三相异步
电动机连续运行外部接线图

3. PLC 梯形图

根据控制要求,设计的梯形图如图 2-2-6 所示。

说明:在实际的 PLC 控制中,FR 过载保护是不受 PLC 控制的,保护方式与继电器控制系统相同,也就是说在梯形图中不再写入 X2,有启动和停止即可。

4. 指令语句表

```
0    LD     X000
1    OR     Y000
```

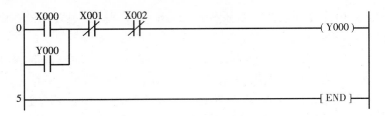

图 2-2-6 三相异步电动机连续梯形图

```
2    ANI    X001
3    ANI    X002
4    OUT    Y000
5    END
```

拓展知识

本课题的拓展内容：PLC 的选型和 I/O 点的分配

随着 PLC 技术的发展,PLC 产品的种类也越来越多。PLC 的高可靠性、高抗干扰性、很强的自我纠错和自我诊断能力已受到人们的普遍欢迎。而事实上 PLC 在实际应用中的引入对整个系统而言确实是大有裨益,但是在实际应用中也不是处处都适宜使用 PLC。一方面其价格相对较高(最小配置也达千元以上),盲目使用会使系统造价偏高;另一方面在某些控制系统中使用 PLC 未必适合。比如下列情况就没必要使用 PLC。

(1)被控制系统很简单,I/O 点数很少。

(2)I/O 点数虽多,但控制并不复杂,各部分的联系很少,此种情况使用继电器控制即可。

在下列情况则应选用 PLC。

(1)系统的 I/O 点数很多,控制复杂,若用继电器控制,要用大量的中间继电器、时间继电器和接触器等器件。

(2)可靠性要求较高,继电器控制无法达到。

(3)工艺流程/产品品种常变,需要经常改变控制电路的结构或修改多项控制参数。

(4)多台设备的系统需要用同一个控制器控制。

(5)用继电器控制的费用低于 PLC,但两者的费用已是同一数量级时。

因此,合理地选用 PLC,对于提高 PLC 控制系统的技术、经济指标有重要的意义。PLC 的选择主要从 PLC 的机型、容量、I/O 模块、电源模块、特殊功能模块、通信联网能力等方面加以综合考虑。

一、PLC 型号的选择

在确定系统中使用 PLC 后,就必须进行 PLC 的选型工作。进行选型工作时,应该从以下几个方面进行综合考虑:

1. I/O 点数问题

I/O 点数是决定 PLC 选型的最重要因素之一,一般而言:

当控制对象 I/O 点在 60 点之内,I/O 点数比为 3/2 时选用整体式(小型)PLC 较为经济;

当控制对象 I/O 点在 100 ~ 200 点,选用小型模块式的较为合理;

当控制对象 I/O 点在 300 点左右时,选中型 PLC;

当控制对象 I/O 点在 Y0 点以上时就必须选用大型 PLC。

2. I/O 类型问题

I/O 类型也是决定 PLC 选型的重要因素之一,一般而言,多数小型 PLC 只具有开关量 I/O;PID、A/D、D/A、位控等功能一般只有大、中型 PLC 才有。

3. 联网通信问题

联网通信是影响 PLC 选型的重要因素之一,多数小型机提供较简单的 RS - 232 通信口,少数小型 PLC 没有通信功能。而大中型 PLC 一般都有各种标准的通信模块可供选择。必须根据实际情况选择适当的通信手段,然后决定 PLC 的选型。

4. 系统响应时间问题

系统响应时间也是影响 PLC 选型的重要因素之一。一般而言,小型 PLC 扫描时间为 10 ~ 20 ms/kb;中型 PLC 扫描时间为几 ms/kb;大型 PLC 扫描时间在 1ms/kb 以下。而系统响应时间约为 2 倍的扫描周期。根据实际要求进行分析,选择恰当的响应时间和 PLC。

5. 可靠性问题

应从系统的可靠性角度,决定 PLC 的类型和组网形式。比如对可靠性要求极高的系统,可考虑选用双 CPU 型 PLC 或冗余控制系统/热备用系统。

6. 程序存储器问题

在 PLC 选型过程中,PLC 内存容量、形式也是必须考虑的重要因素。

通常的计算方法是:I/O 点数 ×8(开关量)+ 100 × 模拟量通道数(模拟量)+ 120 ×(1 + 采样点数 ×0.25)(多路采样控制)

内存形式有 CMOS(电容/电池保护的)、EPROM 和 E2PROM。

总之,进行 PLC 选型时,不要盲目地追求过高的性能指标。另外,I/O 点数,存储容量应留有一定的余量以便实际工作中的调整。

二、开关量 I/O 模块的选择

确定 PLC 的型号以后,就必须对各种模块进行选型,开关量模块的选型主要涉及如下几个问题：

1. 外部接线方式问题

I/O 模块一般分为独立式、分组式和汇点式。通常，独立式的点均价格较高，如果实际系统中开关量输入信号之间不需隔离可考虑选择后两种。

2. 点数问题

如前面所说，点数是影响 PLC 选型的重要因素，同样在进行 I/O 模块的选型时也必须根据具体点数的多少选择恰当的 I/O 模块。通常 I/O 模块有 4、8、16、24、32、64 点几种。一般而言，点数多的点均价较低。

3. 开关量输入模块

通常的开关量输入模块类型有有源输入、无源输入、光电接近传感器等输入。进行开关量输入模块的选型时必须根据实际系统运行中的要求综合考虑。当然，具体到有源输入模块，还分为 AC 输入、DC 输入和 TTL 电平输入。

AC 电压等级 24 V、120 V、220 V。

DC 电压等级 24 V、48 V、10 ~ 60 V。

AC/DC 电压等级 24 V。

4. 开关量输出模块

通常的开关量输出模块类型有继电器输出、可控硅输出和晶体管输出。在开关量输出模块的选型过程中，必须根据实际系统运行要求及要求输出的电压等级进行相应的选型。

三、编程方式的选择

PLC 编程方式也是影响 PLC 选型的一个重要因素，一般常用的编程方式有如下几种：

便携式简易编程器：一般的应用场合选用较多，特别是当控制规模小，程序简单的情况下，使用较为合适。

图形（GP）编程器：此种编程方法适用于中、大型 PLC，此方法除具有输入、调试程序功能外，还具有打印程序等功能。但价格较高，一般情况不必采用。

PC 机及编程软件包：这是 PLC 的一种很好的编程方法，具有功能强、成本低（因为很普及）以及使用方便等特点。

课后练习

（1）实现电动机的两地控制，SB1 为 A 地启动按钮，SB2 为 B 地启动按钮，SB3 为停止按钮。要求：在 A、B 两地均可实现电动机的启动及连续运行，并且互不影响，电动机启动后按停止按钮电动机停止。要求完成：①写出 I/O 分配表；②绘制 I/O 接线图；（3）编制梯形图程序。

（2）根据上题编写的梯形图写出助记符语句表。

三相异步电动机正反转的 PLC 控制

学习目标

(1)掌握电路块串、并联指令和堆栈指令。

(2)掌握优化程序的方法。

知识学习

一、块操作指令(ORB/ANB)

1. ORB(块或指令)

用于两个或两个以上的触点串联连接的电路之间的并联。ORB 指令的使用如图 2 - 3 - 1 所示:

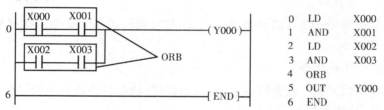

图 2 - 3 - 1　ORB 指令的使用

使用 ORB 指令时应注意:

(1)ORB 指令是不带操作元件的指令。

(2)几个串联电路块并联连接时,每个串联电路块开始时应该用 LD 或 LDI 指令。

(3)有多个电路块并联回路,如对每个电路块使用 ORB 指令,则并联的电路块数量没有限制。

(4)ORB 指令也可以连续使用,但这种程序写法不推荐使用,LD 或 LDI 指令的使用次数不得超过 8 次,即 ORB 只能连续使用 8 次。

2. ANB(块与指令)

用于两个或两个以上触点并联连接的电路之间的串联。ANB 指令的使用如图 2 - 3 - 2 所示。

使用 ANB 指令时应注意以下几个方面。

(1)并联电路块串联连接时,并联电路块的开始均用 LD 或 LDI 指令。

(2)多个并联回路块连接按顺序和前面的回路串联时,ANB 指令的使用次数没有限制。也可连续使用 ANB,但与 ORB 一样,使用次数不能超过 8 次。

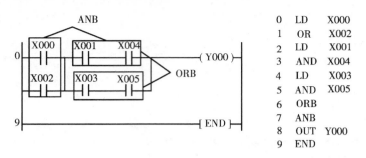

图2-3-2　ANB 指令的使用

二、堆栈指令(MPS/MRD/MPP)

堆栈指令是 FX 系列中新增的基本指令,用于多重输出电路,为编程带来便利。在 FX 系列 PLC 中有 11 个存储单元,它们专门用来存储程序运算的中间结果,被称为栈存储器。多重输出电路指令用在某一电路块与其他不同的电路块串联以便实现驱动不同线圈的场合,即用于输出电路。

1. MPS(进栈指令)

将运算结果送入栈存储器的第一段,同时将先前送入的数据依次移到栈的下一段。

2. MRD(读栈指令)

将栈存储器的第一段数据(最后进栈的数据)读出且该数据继续保存在栈存储器的第一段,栈内的数据不发生移动。

3. MPP(出栈指令)

将栈存储器的第一段数据(最后进栈的数据)读出且该数据从栈中消失,同时将栈中其他数据依次上移。

堆栈指令的使用如图2-3-3所示,其中图2-3-3为一层栈,进栈后的信息可无限使用,最后一次使用 MPP 指令弹出信号。

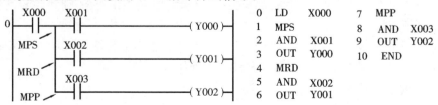

图2-3-3　堆栈指令的使用

使用堆栈指令时应注意以下几个方面。

(1)堆栈指令没有目标元件。

(2)MPS 和 MPP 必须配对使用。

(3)由于栈存储单元只有 11 个,所以栈的层次最多 11 层。

(4)堆栈指令主要用在多重输出电路。

工作任务

一、任务要求

图 2-3-4 是三相异步电动机正反转控制的继电器控制电路原理图,其中,KM1 为电动机正向运行交流接触器,KM2 为电动机反向运行交流接触器,SB1 为正向启动按钮,SB2 为反向启动按钮,SB3 为停止按钮,FR 是过载保护热继电器。当按下 SB1 时,KM1 的线圈通电吸合,KM1 主触点闭合,电动机开始正向运行,同时 KM1 的辅助常开触点闭合而使 KM1 线圈保持吸合,实现了电动机的正向连续运行直到按下停止按钮 SB3;反之,当按下 SB2 时,KM2 的线圈通电吸合控制,KM2 主触点闭合,电动机开始反向运行,同时 KM2 的辅助常开触点闭合而使 KM2 线圈保持吸合,实现了电动机的反向连续运行直到按下停止按钮 SB3;KM1、KM2 线圈互锁确保不同时通电,试将该继电器电路图转换为功能相同的 PLC 的梯形图。

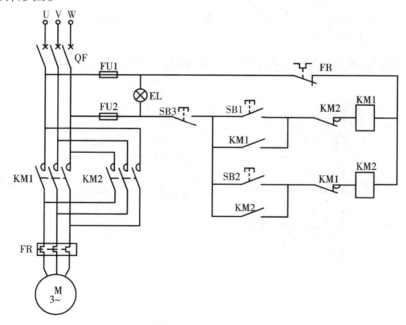

图 2-3-4 三相异步电动机正反转控制的继电器控制电路原理图

二、任务分析

工作原理:当电动机正转时,按下正转按钮 SB1,其常闭触点先断开,切断反转控制回路,然后其常开触点闭合,接通正转控制回路,正转接触器 KM1 得电吸合并自锁,电源接触器 KM1 也得电吸合,电动机正序接入三相电源,正向启动运转;当正转变反转时,按下反转按钮 SB2,其常闭触点先断开,切断正转控制回

路,使正转接触器 KM1 断电释放,电源接触器 KM1 也随着断电释放,然后其常
开触点闭合,接通反转控制回路,使反转接触器 KM2 得电吸合并自锁,电源接触
器 KM2 也得电吸合,电动机反序接入三相电源,反向启动运转;可见在正转换接
时,由于 KM1 和 KM2 两个接触器主触点形成互锁,防止相互短路。反转变正转
原理亦同。

1.输入/输出点的确定

为了将如图 2-3-4 所示的控制电路用 PLC 来实现,PLC 需要 4 个输入点,2
个输出点,输入/输出点分配见表 2-3-1。

表 2-3-1 电动机正反转输入/输出点分配表

输入(I)			输出(O)		
输入继电器	输入元件	作用	输出继电器	输出元件	作用
X1	SB1	正向启动	Y1	KM1	正向运行用交流接触器
X2	SB2	反向启动	Y2	KM2	反向运行用交流接触器
X0	SB3	停止按钮			
X3	FR	过载保护			

2.PLC 控制接线图

根据输入/输出点分配,画出 PLC 的接线图,如图 2-3-5 所示。

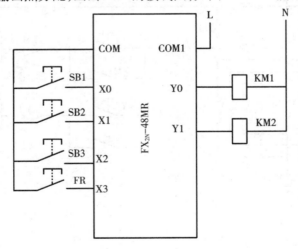

图 2-3-5 电动机正反转接线图

3.PLC 梯形图

图 2-3-6 是直接根据继电器控制的原理图改写的梯形图,不符合梯形图设
计要求,因此,在设计梯形图时,除了按照继电器控制电路,适当调整触点顺序画出
梯形图外,还可以对梯形图进行优化,方法是分离交织在一起的逻辑电路。因为在
继电器电路中,为了减少器件,少用触点,从而节约硬件成本,各个线圈的控制电路
相互关联,交织在一起,而梯形图中的触点都是软元件,无限多次使用也不会增加

硬件成本,所以,可以将各线圈的控制电路分离开来,如图2-3-7所示是优化后的梯形图。将图2-3-7和图2-3-6比较,可以发现图2-3-7所示的逻辑电路更清晰,所用指令更少。

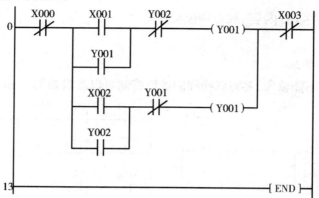

图2-3-6 电动机正反转梯形图

图2-3-7 优化后的梯形图

4.指令语句表

0	LD	X1	6	LD	X1
1	OR	Y1	7	OR	Y2
2	ANI	X0	8	ANI	X0
3	ANI	Y2	9	ANI	Y1
4	ANI	X3	10	ANI	X3
5	OUT	Y1	11	OUT	Y2
			12	END	

拓展知识

本课题的拓展内容: 梯形图编程规则

1. 水平不垂直

垂直触点不能输入,要完成同样的逻辑控制可以改成如图2-3-8所示。

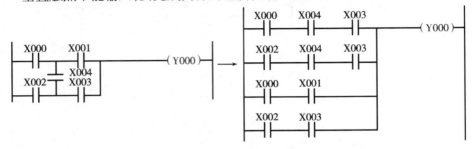

图2-3-8　触点水平不垂直

2. 左重右轻,上重下轻

触点多的可以写在上方,如图2-3-10所示,可以不用ORB指令;将并联电路块写在左边,则可以不用ANB指令,如图2-3-9所示。

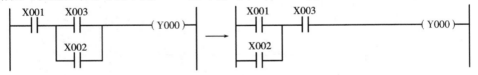

图2-3-9　左重右轻

图2-3-10　上重下轻

3. 线圈右边无触点

线圈作为输出元件,直接接右母线,线圈与右母线之间不能出现触点,如图2-3-11所示。

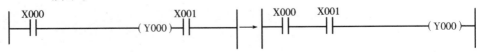

图2-3-11　线圈直接接右母线

课后练习

将图 2 – 3 – 12 和图 2 – 3 – 13 所示梯形图改写为指令语句表。

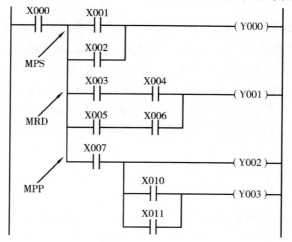

图 2 – 3 – 12

图 2 – 3 – 13

课题四 三相异步电动机正反转延时控制

学习目标

(1) 掌握定时器(编程元件),了解积算定时器的含义。
(2) 掌握通电延时和断电延时的梯形图。

知识学习

一、定时器

PLC 中的定时器(T),相当于继电器控制系统中的时间继电器,其计时设定值由 PLC 程序赋予。PLC 的定时器均为通电延时型,可以提供无限对瞬时动作的常闭点和无限对延时接通常开点,以提供编程时使用。PLC 提供数百至上千个不等的定时器,其计时单位一般为 1ms、10ms、100ms 三种,同一计时单位的定时器逻辑线圈又可分成普通定时器逻辑线圈和具有失电保持的定时器逻辑线圈。当计时值大于或等于设定值时,定时器逻辑线圈接通,延时常开点接通,延时常闭触点断开。

1. 定时器的分类

1)通用定时器

(1)100ms 通用定时器(T0 ~ T199),共 200 点,其中 T192 ~ T199 为子程序和中断服务程序专用定时器。这类定时器是对 100 ms 时钟累积计数,设定值为 1 ~ 32767,所以其定时范围为 0.1 ~ 3276.7 s。

(2)10ms 通用定时器(T200 ~ T245),共 46 点,这类定时器是对 10 ms 时钟累积计数,设定值为 1 ~ 32767,所以其定时范围为 0.01 ~ 327.67 s。

2)积算定时器

(1)1ms 积算定时器(T246 ~ T249),共 4 点,这类定时器是对 1 ms 时钟累积计数,设定值为 1 ~ 32767,所以其定时范围为 0.001 ~ 32.767 s。

(2)100ms 积算定时器(T250 ~ T255),共 6 点,这类定时器是对 100 ms 时钟累积计数,设定值为 1 ~ 32767,所以其定时范围为 0.1 ~ 3276.7 s。

说明:通用定时器和积算定时器的区别在于,通用定时器不具备断电保持功能,如果断电或定时器断开,通用定时器复位;积算定时器具备断电保持的功能,在定时过程中,如果断电或定时器断开,积算定时器将保持当前的计数值,通电或定时器线圈接通后继续累积,即其当前值具有保持功能,只有将积算定时器复位,当前值才变为 0。

2. 定时器设定值的选取

编程时,在确定计时单位的定时器的计时逻辑线圈在使用输出 OUT 指令以后,必须设定计时常数。其计时设定值可选择直接用常数 K(一般用十进制数 K,K 的范围 0 ~ 32767)确定,(如 T0K50)也可以指定某具有失电保持数据寄存器 D 的地址号,该数据寄存器 D 内存放的数 K(一般用十进制数 K,K 的范围 -32768 ~ 32767)作为其设定值。

如图 2 - 4 - 1 所示,三菱 FX2 型 PLC 的定时器 T0 的计时单位为 100 ms,若设定值直接用常数 K,K 设定为 20,即定时时间 T = 2 s。如图 2 - 4 - 1 所示,X0 得电

2 s 后,Y0 动作。

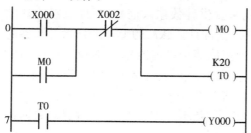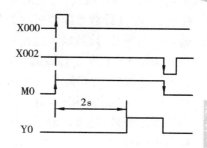

图 2-4-1　得电延时梯形图及时序图

（1）用编程器对定时器设定值在线修改。由于控制需要,需对定时器的设定值进行在线修改,用户通过编程器,可以直接对定时器的设定值进行在线修改,即PLC 仍处于 RUN 状态下,可对定时器设定值进行修改(指用户程序存储器采用RAM)。

（2）定时器的设定值给出后,给定时器线圈持续供电,当持续通电的时间大于或等于设定值的时间时,定时器的常开、常闭触点则动作,常开触点闭合,常闭触点断开;之后当定时器线圈继续通电则触点继续保持动作状态,直到定时器线圈断电,触点复位。

3.失电延时问题

三菱 FX 系列的定时器是通电延时型定时器,如果需要使用断电延时的定时器,如图 2-4-2 所示,当 X0 接通时,X0 常开触点闭合,常闭触点断开,Y0 动作并自锁,T0 不动作,而当 X0 断开时,X0 常开触点断开,常闭触点闭合,由于 Y0 的自锁,Y0 仍接通,T0 由于 X0 常闭触点的闭合而接通,开始定时,定时 1s 后,T0 的常闭触点断开,Y0 和 T0 同时断开,实现了输入信号断开后,输出延时断开的目的。

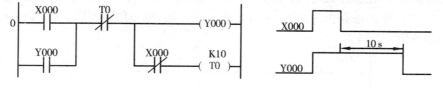

图 2-4-2　失电延时

二、计数器(C)

1.内部计数器

内部计数器用来对 PLC 内部信号 X、Y、M、S 等计数,属低速计数器。内部计数器输入信号接通或断开的持续时间,应大于 PLC 的扫描周期。

1)16 位加计数器

16 位加计数器的设定值为 1~32767,其中 C0~C99 为通用型,C100~C199 为断电保持型。图 2-4-3 给出了加计数器的工作过程,图 2-4-3 中 X10 的常开触点接通后,C0 被复位,它对应的位存储单元被置 0,它的常开触点断开,常闭触点接通,同时其计数当前值被置为 0。X11 用来提供计数输入信号,当计数器的复位输入电路断开,计数输入电路由断开变为接通(即计数脉冲的上升沿)时,计数器的当前值加 1。在 9 个计数脉冲之后,C0 的当前值等于设定值 9,它对应的位存储单元的内容被置 1,其常开触点接通,常闭触点断开。再来计数脉冲时当前值不变,直到复位输入电路接通,计数器的当前值被置为 0。除了可由常数 K 来设定计数器的设定值外,还可以通过指定数据寄存器来设定,这时设定值等于指定的数据寄存器中的数。

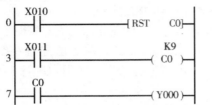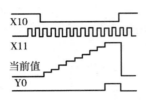

图 2 - 4 - 3　16 位加计数器的工作过程

2)32 位加/减计数器

32 位加/减计数器的设定值为 - 2147483648 ～ + 2147483647,其中 C200 ～ C219(共 20 点)为通用型,C220 ～ C234(共 15 点)为断电保持型。

32 位加/减计数器 C200 ～ C234 的加/减计数方式由特殊辅助继电器 M8200 ～ M8234 设定,对应的特殊辅助继电器为 ON 时,为减计数;反之为加计数。

计数器的设定值除了可由常数 K 设定外,还可以通过指定数据寄存器来设定,32 位设定值存放在元件号相连的两个数据寄存器中。如果指定的是 D0,则设定值存放在 D1 和 D0 中。32 位加/减计数器的设定值可正可负。图 2 - 4 - 4 中 C200 的设定值为 9,在加计数时,若计数器的当前值由 8 变 9,计数器的输出触点 ON,当前值≥9 时,输出触点仍为 ON。当前值由 9 变 8 时,输出触点 OFF,当前值≤8 时,输出触点仍为 OFF。

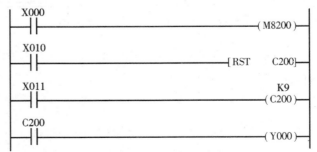

图 2 - 4 - 4　加/减计数器

复位输入 X10 的常开触点接通时,C200 被复位,其常开触点断开,常闭触点接通,当前值被置为 0。如果使用断电保持计数器,在电源中断时,计数器停止计数,并保持计数当前值不变,电源再次接通后在当前值的基础上继续计数,因此断电保持计数器可累计计数。

2. 高速计数器

21 点高速计数器 C235 ~ C255 共用 PLC 的 8 个高速计数器输入端 X0 ~ X7,某一输入端同时只能供一个高速计数器使用。这 21 个计数器均为 32 位加/减计数器,C235 ~ C240 为一相无启动/复位输入端的高速计数器,C241 ~ C245 为一相带启动/复位端的高速计数器,C246 ~ C250 为一相双计数输入(加/减脉冲输入)高速计数器(见表 2 - 4 - 1)。A、B 分别为 A、B 相输入,R 为复位输入,S 为置位输入。图 2 - 4 - 5 中的 C244 是一相带启动/复位端的高速计数器。

表 2 - 4 - 1

中断输入	1相1计数输入											1相2计数输入					2相2计数输入				
	C235	C236	C237	C238	C239	C240	C241	C242	C243	C244	C245	C246	C247	C248	C249	C250	C251	C252	C253	C254	C255
X000	U/D						U/D			U/D		U	U		U		A	A		A	
X001		U/D					R			R		D	D		D		B	B		B	
X002			U/D					U/D			U/D		R		R			R		R	
X003				U/D				R			R			U		U			A		A
X004					U/D				U/D					D		D			B		B
X005						U/D			R					R		R			R		R
X006										S					S					S	
X007											S					S					S

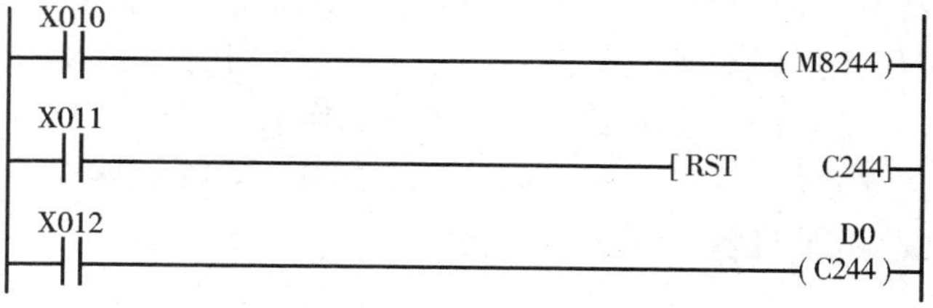

图 2 - 4 - 5　一相高速计数器

由表 2 - 4 - 1 可知,X1 和 X6 分别为复位输入端和启动输入端。如果 X12 为 ON,并且 X6 也为 ON,立即开始计数,计数输入端为 X0,C244 的设定值由 D0 和 D1 指定。除了用 X1 来立即复位外,也可以在梯形图中用 X11 来复位。利用 M8244,可以设置 C244 为加计数或减计数。

C251 ~ C255 为两相(A - B 相型)双计数输入高速计数器,图 2 - 4 - 6 中的 X12 为 ON 时,C251 通过中断,对 X0 输入的 A 相信号和 X1 输入的 B 相信号的动作计数。X11 为 ON 时 C251 被复位,当计数值大于或等于设定值时,Y2 接通,若计数值小于设定值,Y2 断开。

A 相输入接通时,若 B 相输入由断开变为接通,为加计数(见图 2 - 4 - 6(b));A 相输入接通时,若 B 相由接通变为断开,为减计数(见图 2 - 4 - 6(c))。加计数时 M8251 为 OFF,减计数时 M8251 为 ON,通过 M8251 可监视 C251 的加/减计数状态。利用旋转轴上安装的 A - B 相型编码器,在机械正转时自动进行加计数,反转时自动进行减计数。

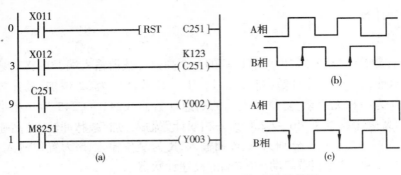

图 2-4-6 两相高速计数器

工作任务

一、任务要求

在三相异步电动机连续正反转控制的基础上,本课题的任务是研究延时正反转,其中,KM1 为电动机正向运行交流接触器,KM2 为电动机反向运行交流接触器,SB1 为启动按钮,SB2 为停止按钮,FR 是过载保护热继电器。当按下 SB1 时,KM1 的线圈通电吸合,KM1 主触点闭合,电动机开始正向运行,同时 KM1 的辅助常开触点闭合而使 KM1 线圈保持吸合,实现了电动机的正向连续运行,直到 5 s 后,电动机正转停止反转启动运行,KM2 的线圈通电吸合,KM2 主触点闭合,电动机开始反向运行,同时 KM2 的辅助常开触点闭合而使 KM2 线圈保持吸合,实现了电动机的反向连续运行直到按下停止按钮 SB2;KM1、KM2 线圈互锁确保不同时通电,试完成实现此功能的 PLC 的梯形图设计。

二、任务分析

PLC 控制系统中的所有输入触点类型全部采用常开触点。即 SB1 启动按钮、SB2 停止按钮和 FR 过载保护热继电器全部接入常开触点,由此设计的梯形图如图 2-4-8 所示,当 SB2 不动作时,X1 不接通,X1 的常开触点断开,常闭触点闭合,所以在梯形图中 X1 要使用常闭触点,确保 X1 的外接器件不动作,X1 接通,为启动做好准备,只要按下 SB1,X0 接通,X0 的常开触点闭合,驱动 Y1 动作,使 Y1 外接的 KM1 线圈吸合,KM1 的主触点闭合,主电路接通,电动机 M 正转运行。梯形图中 Y1 的常开触点接通,使得 Y1 的输出保持,维持电动机的连续运行,直到定时器线圈 T0 延时 5s 时间到,T0 常闭触点断开,使 Y1 断开,Y1 外接的 KM1 线圈释放,KM1 的主触点断开,电动机 M 正转停止运行,同时 T0 常开触点闭合,驱动 Y2 动作,使 Y2 外接的 KM2 线圈吸合,KM2 的主触点闭合,主电路接通,电动机 M 反转运行,直到按下停止按钮 SB2,使 Y2 断开,Y2 外接的 KM2 线圈释放,KM2 的主触点断开,电动机 M 反转停止运行。

1. 输入/输出点的确定

为了将三相异步电动机正反转延时控制用 PLC 来实现,PLC 需要 2 个输入点,2 个输出点,输入/输出点分配见表 2 - 4 - 2。

表 2 - 4 - 2 三相异步电动机正反转延时控制的输入/输出点分配表

输入(I)			输出(O)		
输入继电器	输入元件	作用	输出继电器	输出元件	作用
X0	SB1	启动按钮	Y0	KM1	正向运行用交流接触器
X1	SB2	停止按钮	Y1	KM2	反向运行用交流接触器

2. PLC 控制接线图

根据输入/输出点分配,PLC 控制三相异步电动机正反转延时的控制线路如图 2 - 4 - 7 所示。

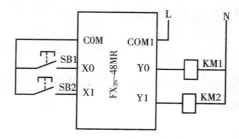

图 2 - 4 - 7 三相异步电动机正反转延时控制外部接线图

3. PLC 梯形图

根据控制要求,设计的梯形图如图 2 - 4 - 8 所示。

图 2 - 4 - 8 三相异步电动机正反转延时控制梯形图

4. 指令语句表

0	LO	X000
1	OR	Y000
2	ANI	X0001

3	ANI	T0	
4	OUT	Y000	
5	OUT	T0	K50
8	LD	T0	
9	OR	Y001	
10	ANI	X001	
11	OUT	Y001	
12	END		

拓展知识

本课题的拓展内容：灯光闪烁电路

1.脉冲发生器

FX$_{2N}$系列的特殊辅助继电器 M8011、M8012、M8013、M8014 能分别产生10 ms、100 ms、1 s 和 1 min 的时钟脉冲。

2.振荡电路

如图 2-4-9 所示，采用两个定时器可以完成灯光的闪烁效果。

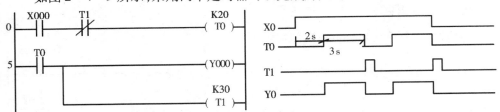

图 2-4-9　振荡电路的梯形图及时序图

3.电子钟

如图 2-4-10 所示为电子钟的梯形图及时序图，M8013 是 PLC 内部的秒时钟脉冲，C0、C1、C2 分别是秒、分、时计数器，M8013 每来一个秒时钟脉冲，秒计数器 C0 当前值加 1，一直加到 60，达到 1min，C0 常开触点闭合，使 C1 分计数器计数，C1 当前值加 1，同时 C0 当前值清 0。同理分析 C1、C2 的作用。

课后练习

（1）X0 为启动按钮，当按下启动按钮，10 s 后电动机 M 启动运行，当按下停止按钮 X1 电动机 M 停止运行。要求：①写出 I/O 分配表；②绘制 I/O 接线图；③设计梯形图。

（2）三台电动机 M1、M2、M3 的顺序启动。当按下启动按钮，电动机 M1 启动

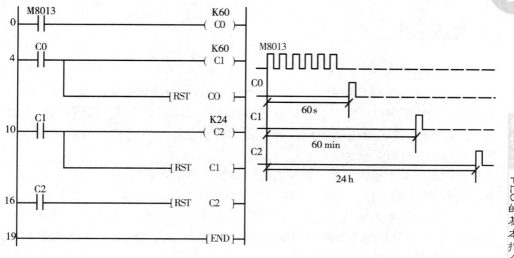

图 2 - 4 - 10　电子钟的梯形图及时序图

运行,过 10 s 后 M2 启动运行,又过 8 s 后 M3 启动运行,待三台电机全部运行后,按下停止按钮,电机停止运行。要求:①写出 I/O 分配表;②绘制 I/O 接线图;③设计梯形图。

　　(3)如图 2 - 4 - 11 所示为物料检测站,若传送带上 30 s 内无产品通过,则检测器下的检测点报警,要求:①写出 I/O 分配表;②绘制 I/O 接线图;③设计梯形图。

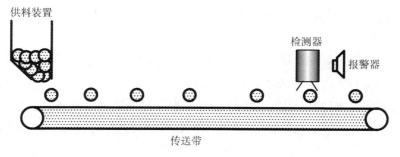

图 2 - 4 - 11　物料检测站示意图

课题五　顺序相连的传送带的 PLC 控制

学习目标

(1)掌握辅助继电器的应用。

(2)掌握双线圈的含义及解决方法。

知识学习

一、辅助继电器

辅助继电器是 PLC 中数量最多的一种继电器,一般的辅助继电器与继电器控制系统中的中间继电器相似。辅助继电器只能由程序驱动,不能直接驱动外部负载,负载只能由输出继电器的外部触点驱动。辅助继电器的常开与常闭触点在 PLC 内部编程时可无限次使用。

在逻辑运算中经常需要一些辅助继电器作为辅助运算用,这些器件往往用作状态暂存、移位等运算。另外一些辅助继电器还有一些特殊功能。

辅助继电器采用 M 与十进制数共同组成编号(只有输入/输出继电器才用八进制数)。一般辅助继电器的作用和继电器控制系统中的中间继电器相同,它是用来保存控制继电器的中间操作状态。对于 FX_{2N} 系列 PLC 来说,一般辅助继电器又分为通用辅助继电器和电池后备/锁存辅助继电器。以下是常用的几种辅助继电器。

1. 通用辅助继电器(M0 ~ M499)

FX_{2N} 系列共有 500 个通用辅助继电器。通用辅助继电器在 PLC 运行时,如果电源突然断电,断电后中间继电器所存储的信息消失,即所有的线圈变为 OFF。当电源再次接通时,除了因外部输入信号而变为 ON 的以外,其余的仍将保持 OFF 状态,它们没有断电保护功能。通用辅助继电器常在逻辑运算中作为辅助运算、状态暂存、移位等。

根据需要可通过程序设定,将 M0 ~ M499 变为断电保持辅助继电器。

2. 断电保持辅助继电器(M500 ~ M3071)

FX_{2N} 系列有 M500 ~ M3071 共 2572 个断电保持辅助继电器。它与普通辅助继电器不同的是具有断电保护功能,即能记忆电源中断瞬时的状态,并在重新通电后再现其状态。它之所以能在电源断电时保持其原有的状态,是因为电源中断时用 PLC 中的锂电池保持它们映像寄存器中的内容。其中 M500 ~ M1023 可由软件将其设定为通用辅助继电器。

下面通过小车往复运动控制来说明断电保持辅助继电器的应用,如图 2 - 5 - 1 所示。

小车的正反向运动中,用 M600、M601 控制输出继电器驱动小车运动。X1、X0 为限位输入信号。运行的过程是 X0 = ON→M600 = ON→Y0 = ON→小车右行→停电→小车中途停止→上电(M600 = ON→Y0 = ON)再右行→X1 = ON→M600 = OFF、M601 = ON→Y1 = ON(左行)。可见由于 M600 和 M601 具有断电保持,所以在小车中途因停电停止后,一旦电源恢复,M600 或 M601 仍记忆原来的状态,将由它们控制相应输出继电器,小车继续原方向运动。若不用断电保护辅助继电器当

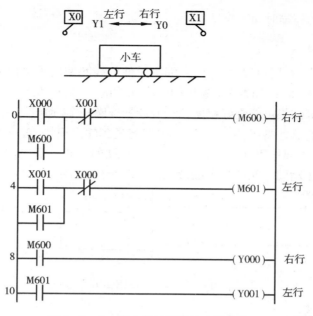

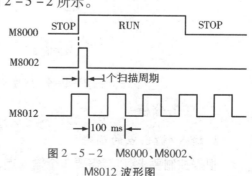

图2-5-1 断电保持辅助继电器的作用

小车中途断电后,再次得电小车也不能运动。

3.特殊辅助继电器

特殊辅助继电器是用来存储系统的状态变量、有关控制参数和信息的具有特殊功能的辅助继电器。PLC内有大量的特殊辅助继电器,它们都有各自的特殊功能,其存取的地址范围是M8000~M8255,共有256个特殊辅助继电器,可分成触点型和线圈型两大类。

(1)触点型:其线圈由PLC自动驱动,用户只可使用其触点。例如:

M8000:运行监视器(在PLC运行中接通),M8001与M8000相反逻辑。

M8002:初始脉冲(仅在运行开始时瞬间接通),M8003与M8002相反逻辑。

M8011、M8012、M8013和M8014分别是产生10 ms、100 ms、1 s和1 min时钟脉冲的特殊辅助继电器。

M8000、M8002、M8012的波形图如图2-5-2所示。

(2)线圈型:由用户程序驱动线圈后PLC执行特定的动作。例如:

M8033:若使其线圈得电,则PLC停止时保持输出映象存储器和数据寄存器内容。

M8034:若使其线圈得电,则将PLC的输出全部禁止。

M8039:若使其线圈得电,则PLC按

图2-5-2 M8000、M8002、
M8012 波形图

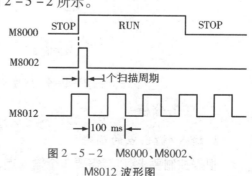

D8039中指定的扫描时间工作。

二、双线圈

双线圈输出:在用户程序中,同一编程元件的线圈使用了两次或多次,称为双线圈输出。图2-5-3(a)中有输出继电器Y0的两个线圈,在同一扫描周期,两个线圈的逻辑运算结果可能刚好相反,即Y000的线圈一个"通电",一个"断电"。因为在程序执行完后才将Y000的ON/OFF状态送到输出模块,对于Y000控制的外部负载来说,真正起作用的是最后一个Y000线圈的状态。解决这类问题,通过多个条件的并联驱动同一线圈来实现,如图2-5-3(b)所示。

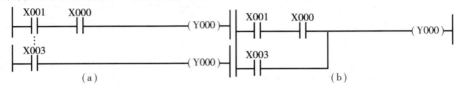

图2-5-3　双线圈输出

工作任务

一、任务要求

传输带是一种连续、快速、高效的物料传输设备,广泛应用于煤炭、电力、建材、化工、机械、轻工业等行业的物料传输系统。在某车间有两条顺序相连的传输带,为了避免出现故障,引起物料堆积,要求1号传输带和2号传输带控制过程如下:当启动按钮按下,2号传输带开始运行,5 s之后1号传输带开始运行;在按下停止按钮时,1号传输带先停止,10 s后2号传输带停止。如图2-5-4所示顺序相连传输带的示意图。

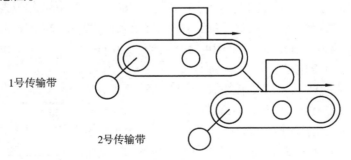

1号传输带

2号传输带

图2-5-4　顺序相连传输带的示意图

二、任务分析

1.输入/输出点的确定

根据控制要求,PLC需要2个输入点,2个输出点,2个定时器。具体分配见表

2 – 5 – 1。

表 2 – 5 – 1　顺序相连传输带的输入/输出点分配表

输入（I）			输出（O）		
输入继电器	输入元件	作用	输出继电器	输出元件	作用
X0	SB1	启动按钮	Y0	KM1	1 号传输带
X1	SB2	停止按钮	Y1	KM2	2 号传输带
			T0	KT1	5s 延时通电
			T1	KT2	10s 断电延时

2. PLC 控制接线图

根据输入/输出点分配,PLC 控制顺序相连传输带的外部接线图如图 2 – 5 – 5 所示。

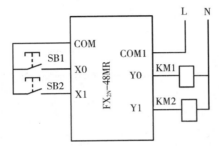

图 2 – 5 – 5　PLC 控制顺序相连传输带的外部接线图

3. PLC 梯形图

根据控制要求,设计的梯形图如图 2 – 5 – 6 所示,梯形图中出现两个 Y001,通过诊断,显示结果为双线圈输出,在一个扫描周期内 Y001 输出两次。对于这样的问题,我们可以借助辅助继电器来解决。图 2 – 5 – 7 为采用辅助继电器解决双线圈问题的梯形图。

图 2 – 5 – 6　存在双线圈的顺序相连传输带的梯形图

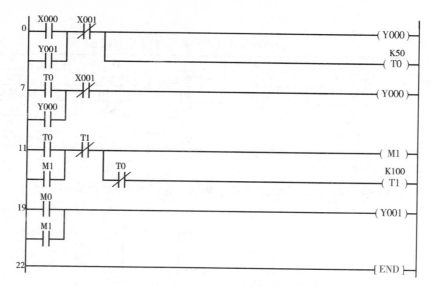

图2-5-7　正确的顺序相连传输带的梯形图

拓展知识

本课题的拓展内容：双线圈

　　虽然同一元件的线圈在程序中出现两次或多次，只要能保证在同一扫描周期内只执行其中一个线圈对应的逻辑运算，这样的双线圈输出是允许的。

　　下列三种情况允许双线圈输出：

　　（1）在跳步条件相反的两个程序段（如自动程序和手动程序）中，允许出现双线圈现象，即同一元件的线圈可以在两个程序段中分别出现一次。图2-5-8中的X10是自动/手动切换开关，当它为ON时将跳过自动程序，执行手动程序；为OFF时将跳过手动程序，执行自动程序。实际上CPU只执行正在处理的程序段中双线圈元件的线圈输出指令。

　　（2）在调用条件相反的两个子程序中，允许出现双线圈现象，即同一元件的线圈可以在两个子程序中分别出现一次。图2-5-9中X20为ON时调用在指针P0处开始的子程序，X20为OFF时调用在指针P1处开始的子程序。图2-5-9中的SRET为子程序返回指令，FEND为主程序结束指令。

　　与跳步指令控制的程序段相同，子程序中的指令只是在该子程序被调用时才执行，没有调用时不执行，因为调用它们的条件相反，在一个扫描周期内只能调用一个子程序，实际上只执行正在处理的子程序中双线圈元件的线圈输出指令。

　　（3）如果使用三菱PLC的STL（步进梯形）指令，由于CPU只执行活动步对应的STL触点驱动的电路块，使用STL指令时允许双线圈输出，即不同时闭合的STL触点可以分别驱动同一编程元件的一个线圈。

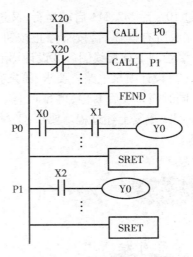

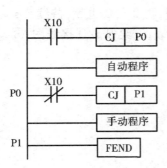

图 2-5-8 手动/自动程序　　　　图 2-5-9 子程序调用

在顺序功能图中,除了与并行序列有关的步之外,在任何时候各步对应的状态继电器只有一个为 ON。以图 2-5-10 为例,只有当某一 STL 触点(图中的"胖触点")接通时,PLC 才执行 STL 触点控制的程序。图 2-5-10 中的状态继电器 S21 对应的步为活动步时,S21 的 STL 触点闭合,Y1 的第一个线圈"通电"。此时 S30 对应的步为不活动步,没有执行 Y1 的第 2 个线圈对应的输出指令。

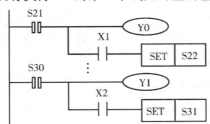

图 2-5-10　STL 指令与双线圈

同一元件的线圈不能在可能同时为活动步的 STL 区内出现。并行序列中的各条支路是同时执行的,并行序列中两条不同支路中的某两步可能同时为活动步,它们的触点可能同时闭合,在处理双线圈输出时应注意这一问题。

在用步进梯形指令、转移指令和子程序调用编制 PLC 程序时,正确使用双线圈输出,可以使程序简单、清晰易懂,因为有很多程序段没有执行,还可以缩短程序执行的时间。没有并行序列时,同时只有一个 STL 触点闭合。有并行序列时,同时闭合的 STL 触点的个数等于并行序列中的支路条数。因为在实际的系统中并行序列并不多见,使用 STL 指令时可以显著地缩短程序执行的时间。

课后练习

(1)三台电机 M1、M2、M3 的顺序启动。当按下启动按钮,电动机 M1 启动运行,过 10 s 后 M2、M3 启动运行,又过 8 s 后 M2 停止运行,再过 5 s 后 M3 停止运行,完成所有操作后,按下停止按钮,电机 M1 停止运行。要求:①写出 I/O 分配表。②绘制 I/O 接线图。③设计梯形图。

(2)设计喷泉电路。要求:喷泉有 A、B、C 三组喷头。启动后,A 组先喷 5 s,后 B、C 同时喷,5 s 后 B 停,再 5 sC 停,而 A、B 又喷,再 2 s,C 也喷,持续 5 s 后全部停,再 3 s 重复上述过程。要求:①写出 I/O 分配表;②绘制 I/O 接线图;③设计梯形图。

课题六 三相异步电动机丫－△减压启动的 PLC 控制

学习目标

(1)掌握主控指令的含义及用法。
(2)了解堆栈指令与主控指令的异同点。

知识学习

主控指令的格式如图 2－6－1 所示。

1. MC(主控指令)

它用于公共串联触点的连接。执行 MC 后,左母线移到 MC 触点的后面。

2. MCR(主控复位指令)

它是 MC 指令的复位指令,即利用 MCR 指令恢复原左母线的位置。

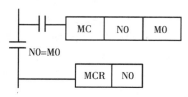

图 2－6－1 主控指令的格式

在编程时常会出现这样的情况,多个线圈同时受一个或一组触点控制,如图 2－6－2(a)所示,如果在每个线圈的控制电路中都串入同样的触点,将占用很多存储单元,使用主控指令就可以解决这一问题,如图 2－6－2(b)所示。由图 2－6－2 的对照图发现,原来 X1 触点与 X2 触点的串联关系现在从梯形图上直接看不出来了,但它们的逻辑关系还是没有变,这也是等效的原则。

MC、MCR 指令的使用如图 2－6－2(b)所示,利用 MC、N0、M0 实现左母线右移,使 Y2、Y3、Y4 都在 X1 的控制之下,其中 N0 表示嵌套等级,在无嵌套结构中 N0 的使用次数无限制;利用 MCRN0 恢复到原左母线状态。如果 X1 断开则会跳过 MC、MCR 之间的指令向下执行。

使用 MC、MCR 指令时应注意:

(1)MC 主控指令的操作数有两个,第一操作数 N 的范围为 N0 ~ N7;第二操作数为主控触点类型,包括 Y 和 M(M 为通用辅助继电器);MC 占 3 个程序步,MCR

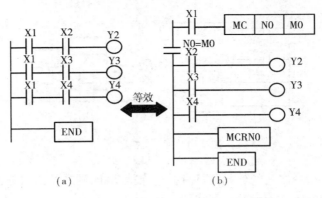

图 2 - 6 - 2 主控对照示意

（a）非主控方式控制；（b）主控方式

占 2 个程序步。

（2）主控触点在梯形图中与一般触点垂直（如图 2 - 6 - 2（b）中的 M0）。主控触点是与左母线相连的常开触点，是控制一组电路的总开关。与主控触点相连的触点必须用 LD 或 LDI 指令，如图 2 - 6 - 2 所示。

（3）主控指令使用上与块指令有点相似，主控指令利用 MC 产生子母线，而用 MCR 从子母线上返回主母线，如图 2 - 6 - 3 所示。由图 2 - 6 - 3 我们发现，在主控指令之间的程序段的开始用的是 LD 类指令，而 LD 类指令必须从母线起始，所以主控指令产生子母线。

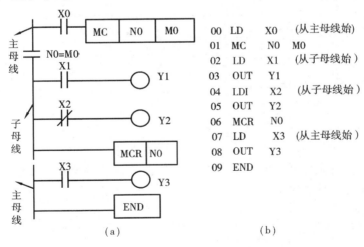

图 2 - 6 - 3 主控产生子母线示意

（a）梯表图；（b）指令表

（4）主控触点与 MC—MCR 之间的程序段构成串联（与）关系，主控触点接通它们才有可能接通，主控触点断开，它们将断开，如图 2 - 6 - 4 所示。

由图 2 - 6 - 4（b）的时序图可知，主控触点 X0 和 Y0 执行条件 X1 都接通时，Y0 才接通，否则 Y0 是断开的状态。

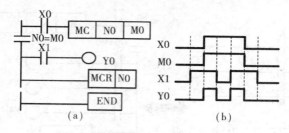

图2-6-4　主控逻辑
(a)梯形图;(b)时序图

　　注:若主控指令之间的软元件具有掉电保持功能,则其状态只能由复位指令决定,主控触点的断与通不能断开其线圈。

　　(5)在一个 MC 指令区内若再使用 MC 指令称为嵌套。嵌套级数最多为 8 级,编号按 N0→N1→N2→N3→N4→N5→N6→N7 顺序增大,每级的返回用对应的 MCR 指令,从编号大的嵌套级开始复位。主控指令的嵌套使用如图 2-6-5 所示。

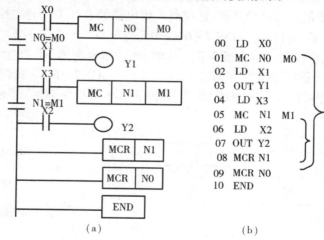

图2-6-5　主要逻辑
(a)梯形图;(b)指令图

　　(6)主控指令的使用在整个程序中没有限制,但 MC 指令的第二操作数不能重复,否则会出现控制逻辑错误。

工作任务

一、任务要求

三相电动机顺序控制要求如下:

(1)先拨上正转开关 SB1,再拨下 SB1,电动机以 丫-△ 方式启动,丫形接法运行 5 s 后转换为△形运行。

(2)先拨上停止开关 SB3,再拨下 SB3,电动机立即停止运行。

(3)先拨上反转开关 SB2,再拨下 SB2,电动机以 丫-△ 方式启动,丫形接法运行 5 s 后转换为△形运行。正转时,反转无法启动;反转时,正转无法启动。正反转的切换只能通过停止来实现。

（4）先拨上停止开关 SB3,再拨下 SB3,电动机立即停止运行。

二、任务分析

1. 输入/输出点的确定

根据控制要求,PLC 需要三个输入点,四个输出点,具体分配见表 2 - 6 - 1。

表 2 - 6 - 1　三相异步电动机丫 - △减压启动的输入/输出点分配表

输入(I)			输出(O)		
输入继电器	输入元件	作用	输出继电器	输出元件	作用
X0	SB1	正向启动按钮	Y0	KM1	正向交流接触器
X1	SB2	反向启动按钮	Y1	KM2	反向交流接触器
X2	SB3	停止按钮	Y2	KM3	丫形减压启动
			Y3	KM4	△形全压启动

2. PLC 控制接线图

根据输入/输出点分配,PLC 控制三相异步电动机丫 - △减压启动的外部接线图如图 2 - 6 - 6 所示。

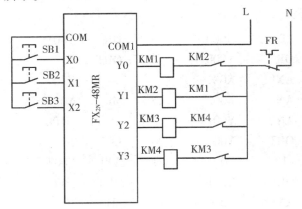

图 2 - 6 - 6　PLC 控制三相异步电动机丫 -
△减压启动的外部接线图

3. PLC 梯形图

根据控制要求,设计的梯形图如图 2 - 6 - 7 所示,当按下 SB1 时,X000 接通,驱动 Y000、Y002 动作,电动机作正向 Y 形减压启动,3 s 后,Y002 断开,Y003 接通,电动机转入△形全压启动。同理可分析反向运行。程序中的常闭触点 X000、X001 起到按钮互锁的作用,常闭触点 Y000、Y001、Y002、Y003 分别起到接触器互锁的作用。

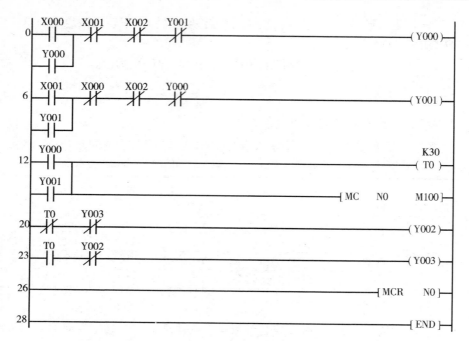

图2-6-7　PLC控制三相异步电动机丫-△减压启动的梯形图

4.指令语句表

0	LD	X000	13	OR	Y001
1	OR	Y000	14	OUT	T0
2	ANI	X001			K30
3	ANI	X002	17	MC	N0
4	ANI	Y001			M100
5	OUT	Y000	20	LDI	T0
6	LD	X001	21	ANI	Y003
7	OR	Y001	22	OUT	Y002
8	ANI	X000	23	LD	T0
9	ANI	X002	24	ANI	Y002
10	ANI	Y000	25	OUT	Y003
11	OUT	Y001	26	MCR	N0
12	LD	Y000	27	END	

拓展知识

本课题的拓展内容：其他指令

1.微分指令（PLS/PLF）

1）PLS（上升沿微分指令）

在输入信号上升沿产生一个扫描周期的脉冲输出。

2）PLF（下降沿微分指令）

在输入信号下降沿产生一个扫描周期的脉冲输出。

微分指令的使用如图2-6-8所示，利用微分指令检测到信号的边沿，通过置位和复位命令控制Y0的状态。图2-6-8中X001接通（由OFF→ON）时，M0接通（ON）一个扫描周期，同时使输出线圈Y001接通（ON）并保持；当X002接通（由OFF→ON）时，使得输出线圈Y001断开（OFF），即复位。

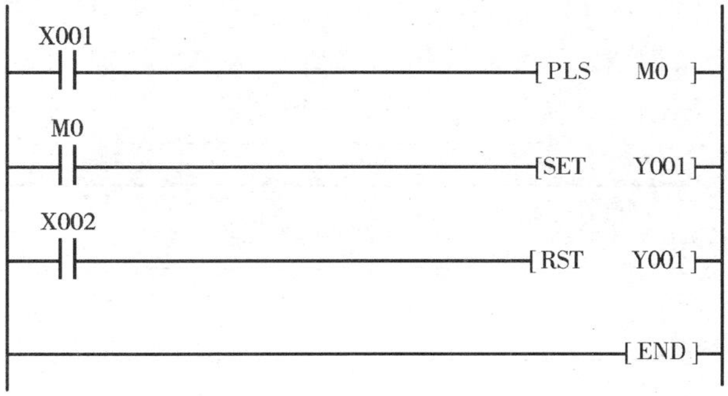

图2-6-8 微分指令的使用

使用PLS、PLF指令时应注意：

（1）PLS、PLF指令的目标元件为Y和M；

（2）使用PLS时，仅在驱动输入为ON后的一个扫描周期内目标元件ON，M0仅在X0的常开触点由断到通时的一个扫描周期内为ON；使用PLF指令时只是利用输入信号的下降沿驱动，其他与PLS相同。

2.逻辑反与空操作（INV/NOP）

1）INV（反指令）

该指令在梯形图中用一条45°短斜线表示，执行该指令后将原来的运算结果取反，运算结果如果为"1"则将结果变为"0"；运算结果如果为"0"，则将结果变为"1"。反指令的使用如图2-6-9所示，如果X1断开，则Y1为ON，否则Y1为OFF。使用时应注意INV不能像指令表的LD、LDI、LDP、LDF那样与母线连接，也不能像指令表中的OR、ORI、ORP、ORF指令那样单独使用。

图2-6-9 反指令的使用

2）NOP（空操作指令）

该指令为空操作指令，使该步序作空操作。使用该指令不影响程序的执行。不执行操作，但占一个程序步。执行NOP时并不做任何事，有时可用NOP指令短接某些触点或用NOP指令将不要的指令覆盖，或增加扫描周期或是为以后程序修改留下相应的空间。当PLC执行了清除用户存储器操作后，用户存储器的内容全部变为空操作指令。

课后练习

（1）设计报警电路梯形图，设计工艺要求如图2-6-10所示。X0为报警输入条件，即X0 = ON要求报警。输出Y0为报警灯，Y1为报警蜂鸣器。报警时Y0振荡闪烁周期为1 s，Y1鸣叫。X1为报警响应，在报警时X1接通后Y0由闪烁变为常亮，Y1鸣叫器关闭。X2为报警灯的测试信号，即X2接通Y0接通。要求：①写出I/O分配表；②绘制I/O接线图；③设计梯形图。

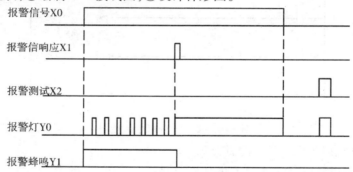

图2-6-10

（2）X0闭合后Y0变为ON并自保持，T0定时7 s后，用C0对X1输入的脉冲计数，计满4个脉冲后，Y0变为OFF，同时C0和T0被复位，在PLC刚开始执行用户程序时，C0也被复位。要求：①写出I/O分配表；②绘制I/O接线图；③设计梯形图。

（3）三盏灯HL1/HL2/HL3，按下启动按钮后HL1亮，1 s后灯HL1灭，HL2亮；1 s后HL2灭，HL3亮；1 s后HL3灭，1 s后HL1/HL2/HL3全亮，1 s后HL1/HL2/HL3全灭，1 s后HL1/HL2/HL3全亮，1 s后HL1/HL2/HL3全灭，1 s后HL1亮……如此循环，随时按停止按钮可停止系统。要求：①写出I/O分配表；②绘制I/O接线图；③设计梯形图。

模块三 顺序功能图

（1）掌握顺序控制图的含义及画法，并能将其转换为梯形图。

（2）掌握顺序控制的结构形式，并能进行灵活应用。

（3）掌握步进指令的含义及应用。

（4）了解方便类指令的应用。

 凸轮旋转工作台的 PLC 的控制

学习目标

（1）掌握顺序功能图的含义及画法。

（2）掌握单序列顺序功能图的画法。

（3）掌握将单序列顺序功能转化为梯形图的方法。

知识学习

一、顺序控制功能图的绘制

顺序功能图（Sequential Function Chart，SFC）是描述控制系统的控制过程、功能和特性的一种图形，是设计 PLC 的顺序控制程序的主要工具。它主要由步、动作、转换、转换条件、有向连线组成。在顺序功能图中，步表示将一个工作周期划分的不同连续阶段，当转换实现时，步便变为活动步，同时该步对应的动作被执行。转换实现的条件是前级步为活动步和转换条件得到满足，两者缺一不可。我们在进行顺序功能图的具体设计时，必须要注意：顺序功能图中必须有初始步，如没有系统将无法开始和返回；两个相邻步不能直接相连，必须用一个转换条件将它们分开；应根据不同的控制要求，合理选择功能图的单行序列、选择序列、并行序列三种不同结构；设计的顺序功能图必须要由步和有向连线组成闭合回路，使系统能够多次重复执行同一工艺过程，不出现中断的现象。

绘制顺序功能图时:一是将流程图中的每一个工序(或阶段)用 PLC 的一个辅助继电器来替代;二是将流程图中的每个阶段要完成的工作(或动作)用 PLC 的线圈指令或功能指令来替代;三是将流程图中各个阶段之间的转移条件用 PLC 的触点或电路块来替代;四是流程图中的箭头方向就是 PLC 顺序功能图中的转移方向。

顺序功能图主要由步、动作、转换、转换条件、有向连线组成。

1. 步及其划分

根据控制系统输出状态的变化将系统的一个工作周期划分为若干个顺序相连的阶段,这些阶段称为步(Step),可用编程元件(例如辅助继电器 M)代表各步。步根据 PLC 输出量的状态变化划分,在每一步内,各输出量的状态(ON 或 OFF)均保持不变,相邻两步输出量的状态不同。只要系统的输出量状态发生变化,系统就从原来的步进入新的步。

(1)初始步:与系统的初始状态相对应的步称为初始步,初始状态一般是系统等待启动命令的相对静止的状态。初始步用双线方框表示,每一个顺序功能图至少有一个初始步。

(2)活动步:当系统处于步所在阶段时,该步处于活动状态,称该步为活动步。步处于活动状态时,相应的动作被执行;步处于不活动状态时,相应的非存储型命令被停止执行。

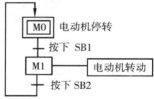

步划分示例:

以电动机全压启动 PLC 控制为例,电动机 M 开始时处于停止状态,按下启动按钮 SB1,电动机 M 转动,一旦按下停止按钮 SB2,电动机回到初始的停止状态。根据电动机 M 的状态变化,显然一个周期由停止起始步及转动步组成,见图 3-1-1。

图 3-1-1　电动机全压启动过程功能图

2. 动作与命令

图 3-1-2　几个动作的表示方法

"动作"是指某步处于活动状态时,PLC 向被控对象发出的命令,或被控对象应执行的动作。动作用矩形框中的文字或符号表示,该矩形框应与相应步的矩形框相连接。

3. 有向连线与转换

步与步之间用有向连线连接,并且用转换将步分开,步的活动状态进展是按有向连线规定的路线进行。有向连线上无箭头标注时,其进展方向默认为从上到下或从左到右,否则按有向连线上箭头注明的方向进行。

步的活动状态进展由转换完成。转换用与有向连线垂直的短画线表示,步与步之间不能直接相连,必须有转换隔开,而转换与转换之间也同样不能直接相连,必须有步隔开。

4.转换条件

转换条件是指与该转换相关的逻辑变量,可以用文字语言、布尔代数表达式或图形符号等标注在表示转换的短划线旁边。转换条件 X 和 $\overline{X}$ 分别表示当二进制逻辑信号 X 为"1"和"0"状态时,条件成立;转换条件 X 和 $\overline{X}$ 分别表示当 X 从"1"(接通)到"0"(断开)和从"0"到"1"状态时,条件成立。在顺序功能图中,步的活动状态的进展依靠转换实现。转换条件的实现必须同时满足两个条件:一是该转换的所有前级步都是活动步;二是相应的转换条件成立。转换完成后所有该转换的后级步均成为活动步,所有前级步成为不活动步。

二、由顺序功能图画出梯形图("启—保—停"电路)

在画顺序功能图时,步是用辅助继电器 M 来代表,某一步为活动步时,对应的辅助继电器为 ON,某一转换条件满足时,该转换的后续步变为活动步,前级步变为不活动步。在实际生产当中,很多转化条件都是短信号,也就是它存在的时间比它激活后续步的时间短,因此,应使用有记忆功能(或保持)的电路来控制代表步的辅助继电器。我们在这里介绍具有记忆功能的"启—保—停"电路。

如图 3 – 1 – 3 所示的步 M1、M2 和 M3 是顺序功能图中顺序相连的 3 步,X1 是步 M1 转向步 M2 的转换条件。使用"启 – 保 – 停"电路的关键是要找出它的启动条件和停止条件。转换实现的条件是它的前级步为活动步,并且满足相应的转换条件,所以步 M2 变为活动步的条件是它的前级步 M1 为活动步,并且满足转换条件 X1 = 1。在"启—保—停"电路中,控制 M2 的启动条件为前级步 M1 和转换条件对应常开触点的

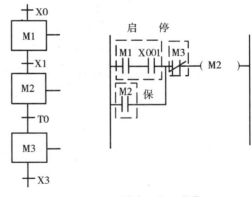

图 3 – 1 – 3　用"启 – 保 – 停"
电路控制步

串联。当 M2 和 T0 均为 ON 时,步 M3 变为活动步,步 M2 应变为不活动步,因此,可以将 M3 = 1 作为使辅助继电器变为 OFF 的条件,也就是将后续步 M3 串联在 M2 步,作为"启 – 保 – 停"电路的停止控制。

工作任务

一、任务要求

如图 3-1-4 所示旋转工作台用凸轮和限位开关来实现其运动控制。在初始状态时左限位开关 X3 为 ON,按下启动按钮,电动机驱动工作台沿顺时针正转,转到右限位开关 X4 所在位置时暂停 5 s,之后工作台反转,回到限位开关 X3 所在位置时停止转动,系统回到初始状态。本课题要求用 PLC 来实现系统的控制。

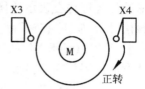

图 3-1-4　旋转工作台示意图

二、任务分析

1. 输入/输出点确定

根据旋转工作台的控制要求,需要 3 个输入点,2 个输出点,具体的输入/输出分配表如表 3-1-1 所示。

表 3-1-1　　旋转工作台输入/输出点的分配表

输入(I)		输出(O)		
输入继电器	作用	输出继电器	输出元件	作用
X0	启动按钮	Y0	KM1	正转交流接触器
X1	左限位	Y1	KM2	反转交流接触器
X2	右限位			

2. PLC 控制接线图

根据输入/输出的分配,绘制的旋转工作台外部接线图如图 3-1-5 所示。

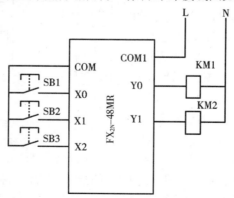

图 3-1-5　旋转工作台外部接线图

3. 顺序功能图

分析任务要求可知,旋转工作台系统可分为四步:初始步(用双线框表示)、正转、暂停、反转。当刚开始时旋转工作台处于停止状态,此时步 M0 得电,表示系统的状态为初始状态;当按下启动按钮 X0,转换条件满足,由步 M0 转换到步 M1(M0

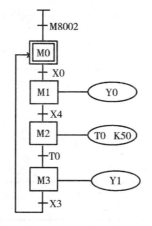

图 3-1-6　旋转工作台的顺序功能图

失电 M1 得电),M1 步的输出线圈 Y0 得电,工作台实现正转;当正转碰到右限位开关 X4 时,延时 5s 后反转;当反转碰到左限位 X3 时,由步 M3 转换到步 M0,此后 M0 得电回到初始状态等待下一周期的开始,实现循环。其顺序功能图如图 3-1-6 所示。

4. PLC 梯形图

在顺序功能图中,步表示将一个工作周期划分的不同连续阶段,当转换实现时,步就变为活动步,同时该步对应的动作被执行。转换实现的条件是前级步为活动步和转换条件得到同时满足,两者缺一不可。因此将顺序功能图转换成梯形图时我们采用"启—保—停",具体如下图:前一步和条件串联作为下一步的启动(启),本步自锁(保),下一步停止前一步(停)。其中最后一步 M3 到 M0 的转换尤为重要,当步 M3 得电,条件 X3 满足时,即 —|M3|—|X3|— 得电转换到步 M0,可见 M3 为 M0 的前级步。具体梯形图如图 3-1-7 所示。

5. 指令语句表

0	LD	M8002	14	AND	X004
1	OR	M0	15	OR	M2
2	LD	M3	16	ANI	M3
3	AND	X003	17	OUT	M2
4	ORB		18	OUT	T0　K50
5	ANI	M1	21	LD	M2
6	OUT	M0	22	AND	T0
7	LD	M0	23	OR	M3
8	AND	X000	24	ANI	M0
9	OR	M1	25	OUT	M3
10	ANI	M2	26	OUT	Y001

```
11      OUT     M1              27      END
12      OUT     Y000
```

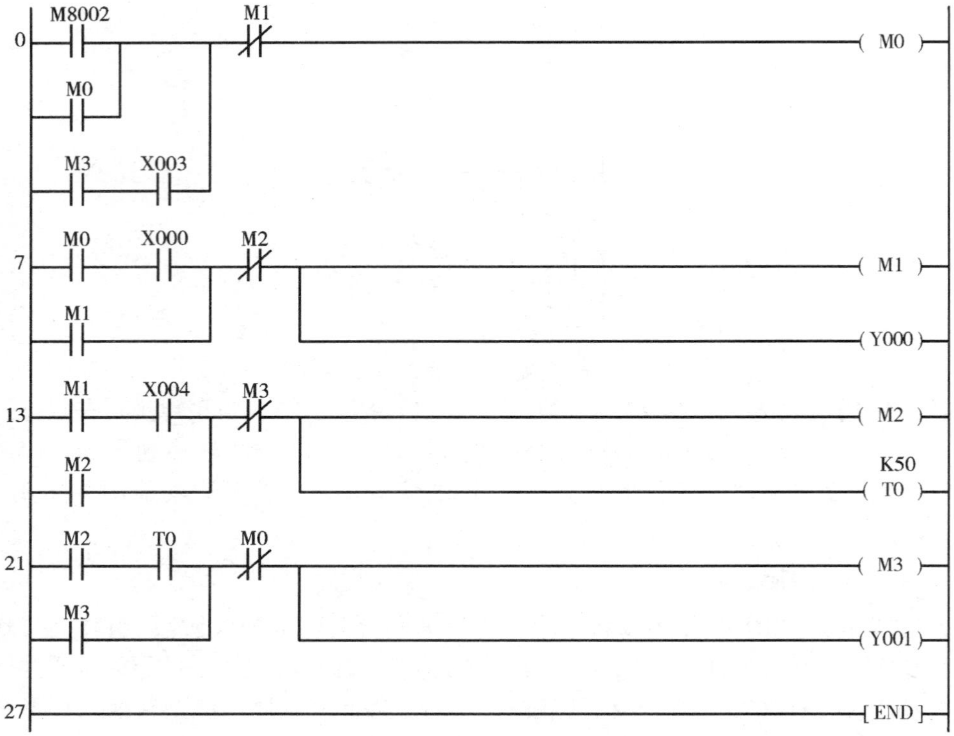

图3-1-7　旋转工作台的梯形图

知识拓展

本课题的拓展内容:顺序功能图

1. 顺序功能图

　　顺序控制是按照生产工艺预先规定的顺序,在不同的输入信号作用下,根据内部状态和时间的顺序,使生产过程中的每个执行机构自动有步骤地进行操作。其受控设备通常是动作顺序不变或相对固定的生产机械。这种控制系统的转步主令信号大多数是行程开关,有时也采用压力继电器、时间继电器之类的信号转换元件作为某些步的转步主令信号。在使用顺序控制设计法设计梯形图时,首先要根据系统的工艺过程,设计出顺序功能图,然后根据顺序功能图编写出梯形图。

　　2. 设计顺序功能图的方法和步骤

　　(1)将整个控制过程按任务要求分解,其中的每一个工序都对应一个状态(即步),并分配辅助继电器。如图3-1-8所示,电动机循环正反转控制的辅助继电器的分配如下:复位→M0,正转→M1,暂停→M2,反转→M3,暂停→M4,计数→M5。

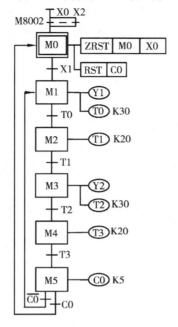

图3-1-8 电动机循环正反转控制的顺序功能图

(2)搞清楚每个状态的功能、作用。状态的功能是通过PLC驱动各种负载来完成的,负载可由状态元件直接驱动,也可由其他软触点的逻辑组合驱动。

(3)找出每个状态的转移条件和方向,即在什么条件下将下一个状态"激活"。状态的转移条件可以是单一的触点,也可以是多个触点的串、并联电路的组合。

(4)根据控制要求或工艺要求,画出顺序功能图。

3. 绘制顺序功能图时注意事项

(1)两个相邻步不能直接相连,必须用一个转换条件将它们分开。

(2)两个转换之间也必须用一个步隔开,两个转换之间也不能直接相连。

(3)顺序功能图中必须有初始步,如没有它系统将无法开始和返回。

(4)转换实现的条件是前级步为活动步和转换条件得到满足,两者缺一不可。

(5)设计的顺序功能图必须要由步和有向连线组成闭合回路,使系统能够多次重复执行同一工艺过程,不出现中断的现象。

4. 状态转移和驱动的过程

状态转移和驱动的过程见图3-1-8。

5. 顺序功能图的特点

(1)可以将复杂的控制任务或控制过程分解成若干个状态。

(2)相对某一个具体的状态来说,控制任务简单了,给局部程序的编制带来了方便。

（3）整体程序是局部程序的综合，只要搞清楚各状态需要完成的动作、状态转移的条件和转移的方向，就可以进行顺序功能图的设计。

（4）这种图形很容易理解，可读性强，能清楚地反映全部控制的工艺过程。

6. 顺序功能图分类

顺序功能图按照不同系统的要求可以分为单行序列、选择序列和并行序列三种不同结构。

7. 单序列编程方法和步骤

（1）根据控制要求，列出 PLC 的 I/O 分配表，画出 I/O 分配图。

（2）将整个工作过程按工作步骤进行分解，每个工作步骤对应一个状态，将其分为若干个状态。

（3）理解每个状态的功能和作用，即设计驱动程序。

（4）找出每个状态的转移条件和转移方向。

（5）根据以上分析，画出控制系统的顺序功能图。

课后练习

（1）用顺序功能图法设计某行车循环正反转自动控制的程序。

控制要求为：送电等待信号显示→按启动按钮→正转→正转限位→停 5 s→反转→反转限位→停 7 s→返回到送电显示状态。要求：①写出 I/O 分配；②画出顺序功能图；③设计梯形图。

（2）数码管循环点亮的 PLC 控制系统，控制要求：设计一个用 PLC 基本逻辑来控制数码管循环显示数字 0、1、2、…、9 的控制系统。程序开始后显示 0 延时 1 s，显示 1 延时 1 s，显示 2 延时 1 s……显示 9 延时 1 s，显示 0……如此循环不止。按停止按钮，程序立即停止运行。要求：①写出 I/O 分配；②画出顺序功能图；③设计梯形图。

（3）设计图 3 − 1 − 8 顺序功能图对应的梯形图。

 按钮式人行道交通灯的 PLC 控制

学习目标

（1）掌握顺序功能图的三种结构。

（2）掌握并行序列顺序功能图的画法，并能将并行序列顺序功能图转化为梯形图。

知识学习

1. 顺序功能图分类

顺序功能图按照不同系统的要求可以分为单行序列、选择序列、并行序列三种不同结构。其中并行序列功能图——用于表示系统的几个同时工作的独立部分的工作情况。

2. 并行序列结构形式的顺序功能图的特点

由两个及以上的分支程序组成的,但必须同时执行各分支的程序,称为并行序列。下图 3 – 2 – 1 是具有 3 个支路的并行序列。

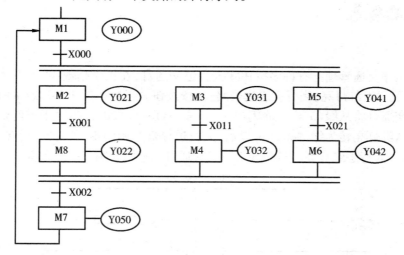

图 3 – 2 – 1 并行流程程序的结构形式

3. 并行流程程序编程注意事项

(1)并行流程的汇合最多能实现 8 个流程的汇合。

(2)在并行分支、汇合流程中,条件都是共用的,如图 3 – 2 – 1 中的"X000""X002"。

4. 并行序列功能图的绘制

并行序列有开始和结束之分。并行序列的开始称为分支,并行序列的结束称为合并。如图 3 – 2 – 2(a)所示为并行序列的分支。它是指当转换实现后将同时使多个后续步激活,每个序列中活动步的进展将是独立的。为了区别于选择序列顺序功能图,强调转换的同步实现,水平线用双线表示,转换条件放在水平线之上。如果步 3 为活动步,且转换条件 e 成立,则步 4、6、8 同时变成活动步,而步 3 变为不活动步。当步 4、6、8 被同时激活后,每一序列接下来的转换将是独立的。并行序列功能图的绘制总体概括为:分支先条件、后分支;合并先合并、后条件。

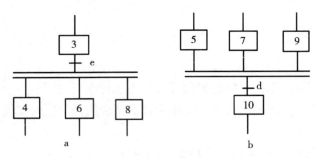

图 3 - 2 - 2 并行序列结构

（a）并行序列的分支；（b）并行序列的合并

工作任务

一、任务要求

在道路交通管理上有许多按钮式人行道交通灯,在正常情况下,汽车通行,即Y3 绿灯亮,Y5 红灯亮;当行人想过马路,就按按钮。当按下按钮 X0（或 X1）之后,主干道交通灯将从绿(5 s)→绿闪(3 s)→黄(3s)→红(20s),当主干道红灯亮时,人行道从红灯亮转为绿灯亮,15s 以后,人行道绿灯开始闪烁,闪烁 5s 后转入主干道绿灯亮,人行道红灯亮。按钮式人行道交通灯示意图如图 3 - 2 - 3 所示。

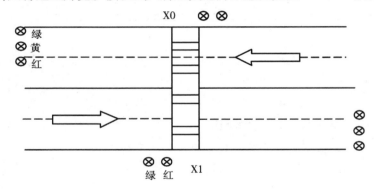

图 3 - 2 - 3 按钮式人行道交通灯示意图

二、任务分析

1. 输入/输出点的确定

根据按钮式人行道交通灯的控制要求,需要 2 个输入点,5 个输出点,具体输入/输出分配表见表 3 - 2 - 1 所列。

表 3-2-1 按钮式人行道交通灯输入/输出点分配

输入(I)			输出(O)		
输入继电器	输入元件	作用	输出继电器	输出元件	作用
X0	SB1	启动按钮	Y0	L1	主干道红灯
X1	SB2	启动按钮	Y1	L2	主干道黄灯
			Y2	L3	主干道绿灯
			Y3	L4	人行道红灯
			Y4	L5	人行道绿灯

2. PLC 控制接线图

根据输入/输出点分配,画出 PLC 的接线图如图 3-2-4 所示。

3. 顺序功能图

分析任务要求可知,按钮式人行道控制系统可分为两个分支:主干道、人行道。主干道的顺序为绿(5s)→绿闪(3s)→黄(3s)→红(20s);人行道的顺序为红(6s)→绿(15s)→绿闪(5s),两条支路同时进行,在功能图的结构上属于并行序列。其顺序功能图如图 3-2-5 所示。

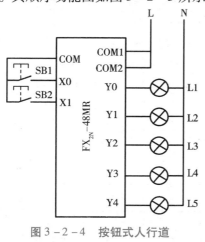

图 3-2-4 按钮式人行道
外部接线图

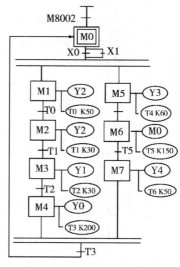

图 3-2-5 按钮式人行道
交通灯顺序功能图

4. PLC 梯形图

具体的梯形图如图 3-2-6 所示。

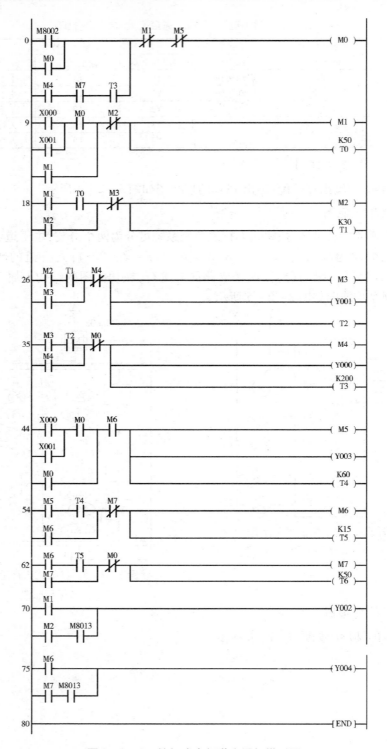

图3-2-6 按钮式人行道交通灯梯形图

5. 指令语句表

0	LD	M8002	
1	OR	M0	
2	LD	M4	
3	AND	M7	
4	AND	T3	
5	ORB		
6	ANI	M1	
7	ANI	M5	
8	OUT	M0	
9	LD	X000	
10	OR	X001	
11	AND	M0	
12	OR	M1	
13	ANI	M2	
14	OUT	M1	
15	OUT	T0	K50
18	LD	M1	
19	AND	T0	
20	OR	M2	
21	ANI	M3	
22	OUT	M2	
23	OUT	T1	K30
26	LD	M2	
27	AND	T1	
28	OR	M3	
29	ANI	M4	
30	OUT	M3	
31	OUT	Y001	
32	OUT	T2	K30
35	LD	M3	
36	AND	T2	
37	OR	M4	
38	ANI	M0	
39	OUT	M4	
40	OUT	Y000	
41	OUT	T3	K200
44	LD	X000	
45	OR	X001	
46	AND	M0	
47	OR	M5	
48	ANI	M6	
49	OUT	M5	
50	OUT	Y003	
51	OUT	T4	K60
54	LD	M5	
55	NAD	T4	
56	OR	M6	
57	ANI	M7	
58	OUT	M6	
59	OUT	T5	K150
62	LD	M6	
63	AND	T5	
64	OR	M7	
65	ANI	M0	
66	OUT	M7	
67	OUT	T6	K50
70	LD	M1	
71	LD	M2	
72	AND	M8013	
73	ORB		
74	OUT	Y002	
75	LD	M6	
76	LD	M7	
77	AND	M8103	
78	ORB		
79	OUT	Y004	
80	END		

知识拓展

本课题的拓展内容：用"启－保－停"电路实现并行序列的编程方法

转换成梯形图时主要是并行序列分支、合并的处理：前级做启动，后续做停止，依然遵循这个原则。所不同的是，并行序列分支处有几个后续步，则所有后续步同时得电，它们共同的前级步失电；并行序列合并处的处理时前级步有好几个，则所有前级步和总的转换条件串联来启动下一步。下面举例具体说明。

1. 并行序列分支的编程方法

并行序列中各单序列的第一步应同时变为活动步。对控制这些步的"启－保－停"电路使用相同的启动电路，就可以实现这一要求。图3－2－7(a)中步 M1 之后有一个并行序列的分支，当 M1 为活动步并且转化条件满足时，步 M2 和步 M3 同时变为活动步，即 M2 和 M3 同时变为"ON"，图3－2－7(b)中步 M2 和步 M3 的启动电路相同，都为逻辑关系式 M1·X001。

2. 并行序列合并的编程方法

图3－2－7中步 M6 之前有一个并行序列的合并，该转换实现的条件是所有前级步(即 M4 和 M5 步)都是活动步，并且转换条件为同一条件 X004 满足，即分支合并的编程应将 M4、M5 和 X004 的常开触点串联，作为控制 M6 的"启－保－停"电路的启动电路。

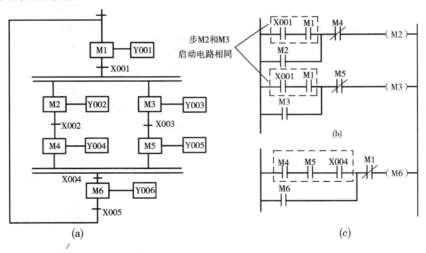

图3－2－7　并行序列的编程方法示例

(a)顺序功能图；(b)并行序列分支的启动梯形图；(c)并行序列合并的启动梯形图

课后练习

(1)将图3－2－8所示列顺序功能图转换为梯形图。

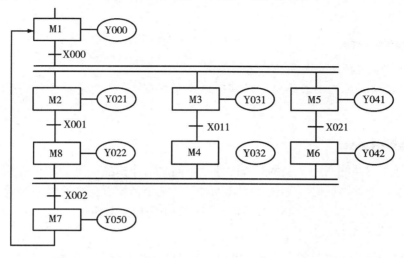

图3－2－8　顺序功能图

(2)用顺序功能图法完成下题.

交通灯控制要求:①该控制中设有启动和停止开关 SB1、SB2,用以控制系统的"启动"与"停止"。②交通灯显示方式。按下启动按钮 SB1,东西方向红灯亮时,南北方向绿灯亮,当绿灯亮到设定时间时,绿灯闪亮2次,闪亮周期为1 s,然后黄灯亮3 s,当南北方向黄灯熄灭后,东西方向绿灯亮,南北方向红灯亮,当东西方向绿灯亮到设定时间时,绿灯闪亮2次,闪亮周期为1 s,然后黄灯亮3 s,当东西方向黄灯熄灭后,再转回东西方向红灯亮,南北方向绿灯亮⋯⋯周而复始,不断循环,直到按停止按钮 SB2 停止。具体时序图如图3－2－9所示。要求完成:①写出 I/O 分配;②设计顺序功能图;③设计梯形图。

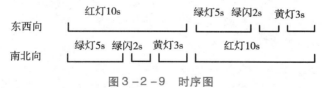

图3－2－9　时序图

课题三　　全自动洗衣机的 PLC 控制

学习目标

(1)掌握选择序列顺序功能图的画法。

(2)能根据工艺要求绘制选择序列顺序功能图,并将顺序功能图转化为梯形图。

知识学习

选择序列功能图用于表示系统的几个不同时工作的独立部分的工作情况。当系统的发生条件不同时,产生的动作也不相同,某个系统可能会有好多种可供选择的方式,像此类系统的处理就要使用选择序列功能图来处理。

1. 选择序列程序的特点

由两个及两个以上的分支程序组成的,但只能从中选择一个分支执行的程序,称为选择序列程序。如图 3－3－1 所示,M1 和 M2 为两条选择序列分支。

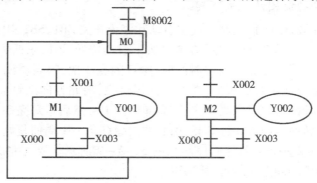

图 3－3－1　选择序列示例

2. 选择序列程序编程注意事项

(1)选择流程的汇合最多能实现 8 个流程的汇合。

(2)在选择分支、汇合流程中,条件都是单独的,如图 3－3－1 中的"X001""X002"。

3. 选择序列功能图的绘制

选择序列也有开始和结束之分。选择序列的开始称为分支,各分支画在水平线之下,各分支中表示转换的短画线只能在水平线之下的分支上。选择序列的结束称为合并,选择序列的合并是指几个选择分支合并到一个公共序列上,各分支都有各自的转换条件,各分支画在水平线之上,各分支中表示转换的短画线只能画在水平单线之上的分支上。

4.用"启 – 保 – 停"电路实现选择序列的编程方法

在选择序列中,每一个选择序列相对于其他的分支都是独立的,可以构成一个完整的单序列。所以在处理选择序列时主要解决公用分支节点和合并节点的问题。

1)选择序列分支的编程方法

如果某一步后面有一个由 N 条分支组成的选择序列,该步可能转换到不同的分支去,应将这 N 个后续步对应的辅助继电器的常闭触点与该步的线圈串联,作为结束该步的条件。如图 3 – 3 –2(a)所示,步 M2 之后有一个选择序列的分支。当它的后续步 M3 或者 M4 变为活动步时,它应变为不活动步。所以需将 M3 和 M4 的常闭触点串联作为步 M2 的停止条件,如图 3 – 3 –2(b)所示。

2)选择序列合并的编程方法

对于选择序列的合并,如果某一步之前有 N 个转换(即有 N 条分支在该步之前合并后进入该步),则代表该步的辅助继电器的启动电路由 N 条支路并联而成,各支路由某一前级步对应的辅助继电器的常开触点与相应转换条件对应的触点或电路串联而成。

如图 3 – 3 –2(a)所示,步 M7 之前有一个选择序列的合并。当步 M5 为活动步并且转换条件 X005 满足,或步 M6 为活动步并且转换条件 X006 满足,则步 M7 变为活动步,即控制 M7 的"启 – 保 – 停"电路的启动条件应为 M5·X005 + M6·X006,对应的启动条件由两条并联支路组成,每条支路分别由 M5、X005 和 M6、X006 的常开触点串联而成,如图 3 – 3 –2(c)所示。

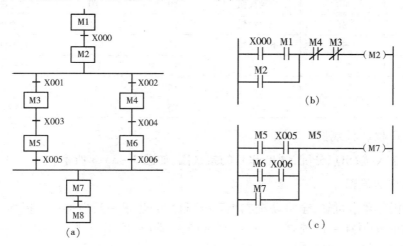

图 3 – 3 –2　选择序列的编程方法示例

(a)顺序功能图;(b)选择序列分支的启动梯形图;(c)选择序列合并的启动梯形图

工作任务

一、任务要求

全自动洗衣机的控制过程如下:

(1)按启动按钮,进水电磁阀打开,进水指示灯亮。

(2)按上限按钮,进水指示灯灭,搅轮开始正反搅拌,正搅2 s,反搅2 s,两灯轮流亮灭。

(3)等待16 s后,甩干筒亮5 s又灭,后排水灯亮。

(4)按下下限按钮,排水灯灭,进水灯亮。

(5)重复两次(1)~(4)的过程。

(6)第二次按下下限按钮时,蜂鸣器灯亮了5 s又灭,整个过程结束。

本课题的要求是用PLC来实现对全自动洗衣机的控制。

二、任务分析

1.输入、输出点确定

根据全自动洗衣机控制的要求,需要输入点3个、输出点6个,具体的输入、输出分配如表3-3-1所示。

表3-3-1　全自动洗衣机控制的输入、输出点分配表

输入(I)			输出(O)		
输入继电器	输入元件	作用	输出继电器	输出元件	作用
X0	SB1	启动按钮	Y0	Y0	进水电磁阀
X1	S1	上限按钮	Y1	KM1	正搅拌
X2	S2	下限按钮	Y2	KM2	反搅拌
			Y3	KM	甩干筒
			Y4	Y1	排水电磁阀
			Y5	L1	蜂鸣器灯

2.PLC控制接线图

根据输入/输出点分配,画出PLC的接线图,如图3-3-3所示。

3.顺序功能图

分析任务要求可知,全自动洗衣机系统可分为:进水→正搅拌→反搅拌→(16 s时间未到)正搅拌→反搅拌→…→(16 s时间到)→甩干→排水→进水→正搅拌→反搅拌→(16 s时间未到)正搅拌→反搅拌→(16 s时间到)→甩干→排水→蜂鸣器→结束。

其中正反搅拌重复运行16 s,从进水到排水重复两次,这种情况属于选择序列。其顺序功能图如图3-3-4所示。

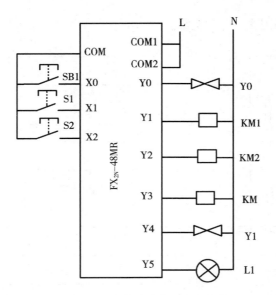

图 3 - 3 - 3　全自动洗衣机外部接线图

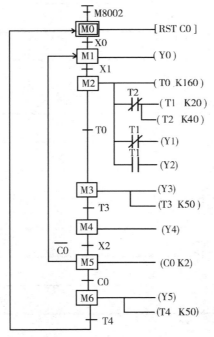

图 3 - 3 - 4　全自动洗衣机顺序功能图

4. PLC 梯形图

将选择序列顺序功能图转换为梯形图时需特别注意分支和合并节点的处理，在本课题中步 M5 后出现选择序列分支：当未计够两次则转换到步 M1；当计够两次则转换到步 M6；而在步 M1 处出现合并节点，有两条支路均可转换到步 M1；这两处的具体转换如图3－3－5所示。

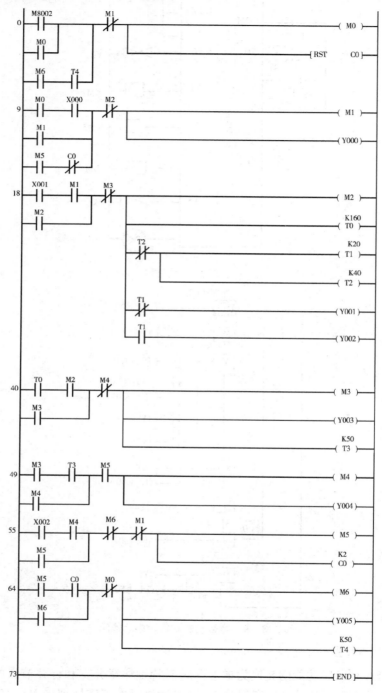

图3－3－5　全自动洗衣机梯形图

5. 指令语句表

0	LD	M8002			38	AND	T1	
1	OR	M0			39	OUT	Y002	
2	LD	M6			40	LD	T0	
3	AND	T4			41	AND	M2	
4	ORB				42	OR	M3	
5	ANT	M1			43	ANI	M4	
6	OUT	M0			44	OUT	M3	
7	RST	C0			45	OUT	Y003	
9	LD	M0			46	OUT	T3	K50
10	AND	X000			49	LD	M3	
11	OR	M1			50	AND	T3	
12	LD	M5			51	OR	M4	
13	ANI	C0			52	ANI	M5	
14	ORB				53	OUT	M4	
15	ANI	M2			54	OUT	Y004	
16	OUT	M1			55	LD	X002	
17	OUT	Y000			56	AND	M4	
18	LD	X001			57	OR	M5	
19	AND	M1			58	ANI	M16	
20	OR	M2			59	ANI	M1	
21	ANI	M3			60	OUT	M5	
22	OUT	M2			61	OUT	C0	K2
23	OUT	T0	K160		64	LD	M5	
26	MPS				65	AND	C0	
27	ANI	T2			66	OR	M6	
28	OUT	T1	K20		67	ANI	M0	
31	OUT	T2	K40		68	OUT	M6	
34	MRD				69	OUT	Y005	
35	ANI	T1			70	OUT	T4	K50
36	OUT	Y001			73	END		
37	MPP							

知识拓展

本课题的拓展内容：仅有两步的闭环处理

如果在顺序功能图中存在仅由两步组成的小闭环，如图 3 – 3 – 6(a)所示,用"启 – 保 – 停"电路设计,那么步 M3 的梯形图就如图 3 – 3 – 6(b)所示。可以发现,由于 M2 的常开触点和常闭触点串联,它是不能正常工作的。这种顺序功能图的特征是:仅由两步组成的小闭环。在 M2 和 X002 均为 ON 时,M3 的启动电路接通。但是,这时与它串联的 M2 的常闭触点却是断开的,所以 M3 的线圈不能通电。出现上述问题的根本原因在于步 M2 既是步 M3 的前级步,又是它的后续步。解决这类问题的方法有两种：

1. 以转换条件作为停止电路

将图 3 – 3 – 6(b)中的 M2 的常闭触点用转换条件 X003 的常闭触点代替即可,如图 3 – 3 – 6(c)所示。如果转换条件较复杂,要将对应的转换条件整个取反才可以完成停止电路。

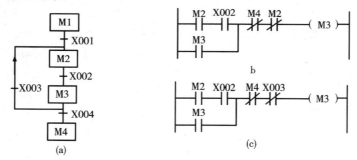

图 3 – 3 – 6   仅有两步的小闭环

(a)顺序功能图;(b)错误的梯形图;(c)正确的梯形图

2. 在小闭环中增设一步

如图 3 – 3 – 7(a)所示,在小闭环中增设 M10 步,就可以解决这一问题。这一步没什么操作,它后面的转换条件" =1",相当于逻辑代数中的常数 1,即表示转换条件总是满足的,只要进入步 M10,将立即转换到步 M2。根据图 3 – 3 – 7(a)画出的梯形图,如图 3 – 3 – 7(b)所示。

课后练习

(1)将图 3 – 3 – 8 所示的顺序功能图转换为梯形图。

(2)灯 HL1 循环 50 次点亮控制。按下启动按钮,灯 HL1 点亮,2 s 后灯 HL1 灭,3 s 灯 HL1 点亮,2 s 后灯 HL1 灭……以此循环 50 次后,灯 HL1 停止循环点亮。

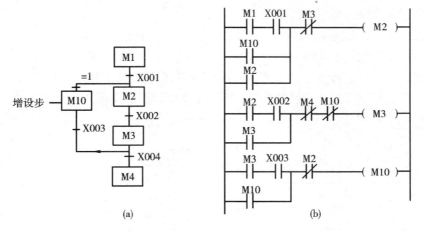

图 3 - 3 - 7　小闭环中增设一步

(a)顺序功能图;(b)梯形图

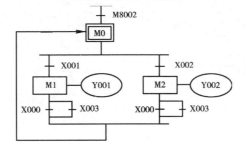

图 3 - 3 - 8　顺序功能图

要求:①写出 I/O 分配;②画出顺序功能图;③设计梯形图。

课题四　**多种液体混合装置的 PLC 控制**

学习目标

(1)熟练掌握顺序功能图的画法。

(2)掌握顺序功能图中控制过程停止的设计方法。

知识学习

　　在前面的任务中都未设置停止的处理,在顺序功能图法中停止的插入有一定的技巧。在任务要求中,停止按钮的按下并不是按顺序进行的,在任何时候都可能按下停止按钮,而且不管什么时候按下停止按钮都要等到当前工作周期结束后才能响应。所以停止按钮的操作不能在顺序功能图中直接反映出来,而是要通过某些元素间接地反映到功能图的执行中,这就是本节所要解决的问题。下面以运料小车的控制过程为例予以说明。

图3-4-1(a)所示为送料小车的顺序功能图,若在控制要求中增加"停止功能",即按下停止按钮 X004,在送料小车完成当前工作周期的最后一步后,返回初始步,系统停止工作。停止按钮"X004"的操作不能在顺序功能图中直接反映出来,要解决这样的问题,可以引入辅助继电器 M7 间接表示出来,如图3-4-1(b)所示。

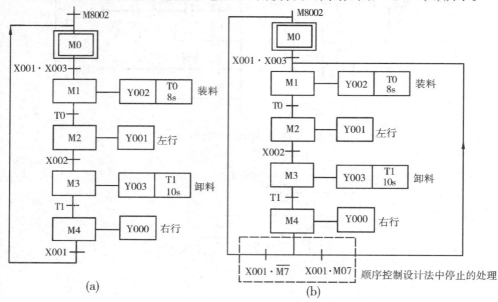

图3-4-1　具有停止功能的送料小车控制顺序功能图

为了实现按下停止按钮 X004 后,在步 M4 之后结束工作,这就需要在梯形图中设置用"启-保-停"电路控制的辅助继电器 M7,即按下启动按钮 X003 后,M7变为 ON。它只是在步 M4 之后的转换条件中出现,所以在按了停止按钮 X004,M7变为 OFF 后,系统不会立即停止运行。送料小车返回限位开关 X001 处时,如果没有按停止按钮,转换条件 X001 · M7 满足,系统将返回步 M1,开始下一周期的工作。如果已经按了停止按钮,$\overline{M7}$ 为 OFF,右限位开关 X001 为 ON 时,转换条件 X001 · M7 满足,系统将返回初始步 M0,停止运料。

用"启-保-停"电路的编程方法设计的送料小车控制的梯形图如图3-4-2所示。

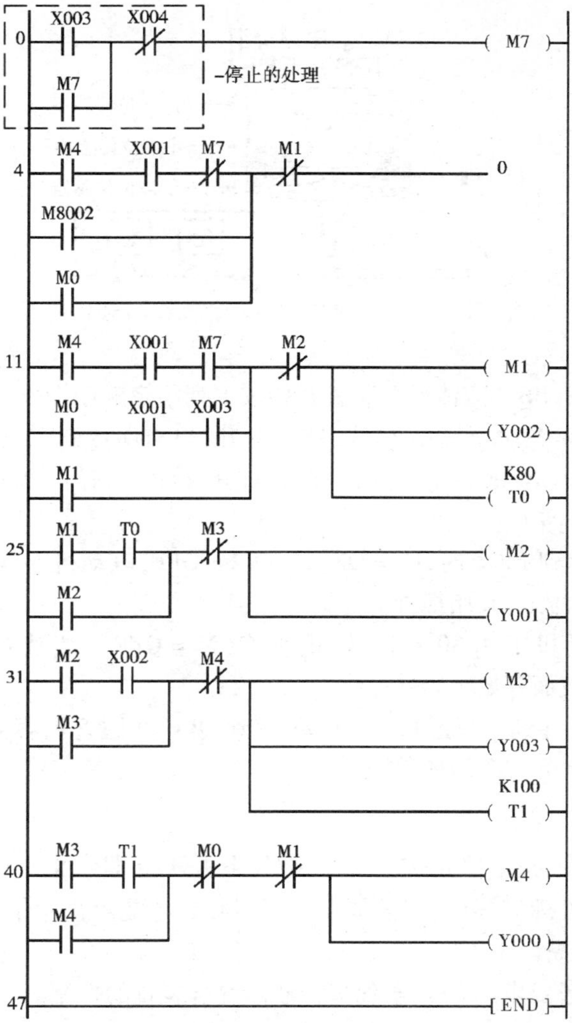

图 3－4－2 具有停止功能的送料小车控制顺序功能图

工作任务

一、任务要求

搅拌控制系统程序设计——使用开关量。如图 3－4－3 所示为多种液体混合装置示意图,适合如饮料的生产、酒厂的配液、农药厂的配比等。L1、L2、L3 分别为高液位、中液位、低液位液面传感器,液面淹没时接通。两种液体的输入和混合液体放液阀门分别由电磁阀 YV1、YV2 和 YV3 控制,M 为搅匀电动机。

1. 初始状态

当装置投入运行时,液体 A、液体 B 阀门关闭(YV1＝YV2＝OFF),放液阀门打开 20 s 将容器放空后关闭。

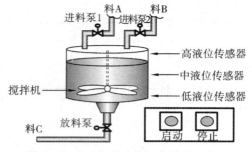

图 3 - 4 - 3 多种液体混合装置示意图

2. 启动操作

按下启动按钮 SB1,液体混合装置开始按下列给定顺序操作:

(1) YV1 = ON,液体 A 流入容器,液面上升;当液面达到 L2 处时,L2 = ON,使 YV1 = OFF,YV2 = ON,即关闭液体 A 阀门,打开液体 B 阀门,停止液体 A 流入,液体 B 开始流入,液面上升。

(2) 当液面达到 L1 处时,L1 = ON,使 YV2 = OFF,电动机 M = ON,即关闭液体 B 阀门,液体停止流入,开始搅拌。

(3) 搅匀电动机工作 30 s 后,停止搅拌(M = OFF),放液阀门打开(YV3 = ON),开始放液,液面开始下降。

(4) 当液面下降到 L3 处时,L3 由 ON 变到 OFF,再过 5 s,容器放空,使放液阀门 YV3 关闭,开始下一个循环周期。

3. 停止操作

在工作过程中,按下停止按钮 SB2,搅拌器并不立即停止工作,而要将当前容器内的混合工作处理完毕后(当前周期循环到底),才能停止操作,即停在初始位置上,否则会造成浪费。

本课题的任务要求用 PLC 实现多种液体混合装置的控制。

二、任务分析

1. 输入、输出点确定

根据多种液体混合装置的控制要求,需要输入点 5 个、输出点 4 个、其输入/输出分配表如表 3 - 4 - 1 所示。

表 3 - 4 - 1 多种液体混合装置的 I/O 分配表

输入(I)		输出(O)	
输入继电器	作用	输出继电器	作用
X000	启动按钮 SB1	Y000	电动机 M0 线圈
X001	停止按钮 SB2	Y001	电磁阀 YV1 线圈
X002	高液位传感器	Y002	电磁阀 YV2 线圈
X003	中液位传感器	Y003	电磁阀 YV3 线圈
X004	低液位传感器		

2. PLC 控制接线图

根据输入、输出点的分配,画出 PLC 的接线图,如图 3 - 4 - 4 所示。

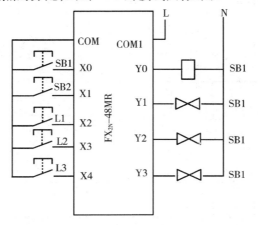

图 3 - 4 - 4　多种液体混合装置外部接线图

3. 顺序功能图

用顺序控制设计法来实现的顺序功能图如图 3 - 4 - 5 所示。其中 M5 的插入就是解决停止问题,M5 用间接控制的方法来达到停止的目的。

4. PLC 梯形图

根据控制要求,设计的梯形图如图 3 - 4 - 6 所示。

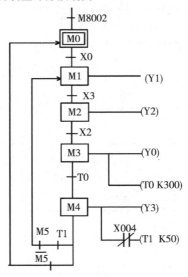

图 3 - 4 - 5　多种液体混合装置顺序功能图

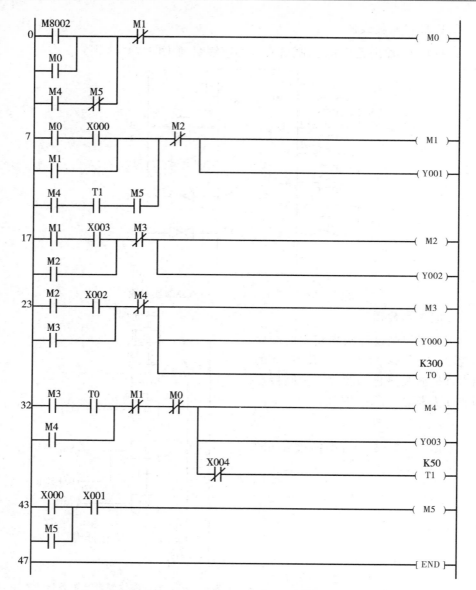

图3-4-6 多种液体混合装置梯形图

5. 指令语句表

0	LD	M6002	6	OUT	M0
1	OR	M0	7	LD	M0
2	LD	M4	8	AND	X000
3	ANI	M5	9	OR	M1
4	ORB		10	LD	M4
5	ANI	M1	11	AND	T1

12	AND	M5	
13	ORB		
14	AIR	M2	
15	OUT	M1	
16	OUT	Y001	
17	LD	M1	
18	AND	X003	
19	OR	M2	
20	ANI	M3	
21	OUT	M2	
22	OUT	Y002	
23	LD	M2	
24	AND	X002	
25	OR	M3	
26	ANI	M4	
27	OUT	M3	
28	OUT	Y000	
29	OUT	T0	K300
32	LD	M3	
33	AND	T0	
35	OR	M1	
36	ANI	M0	
37	OUT	M4	
38	OUT	Y003	
39	ANI	X004	
40	OUT	T1	K50
43	LD	X000	
44	OR	M5	
45	ANI	X001	
46	OUT	M5	
47	END		

知识拓展

本课题的拓展内容：以转化为中心的电路编程方法

图 3 - 4 - 7 所示为以转换为中心的电路编程方法的顺序功能图与梯形图的对应关系,实现图 3 - 4 - 7(a)中 M2 对应的转换需要同时满足两个条件,即该转换的前级步是活动步(M1 = 1)和转换条件满足(X001 = 1)。在梯形图 3 - 4 - 7(b)中,可以用 M1 和 X001 的常开触点组成的串联电路来表示上述条件。该电路接通时,两个条件同时满足,此时应完成两个操作,即将该转换的后续步变为活动步(用 SET 指令将 M2 置位)和将该转换的前级步变为不活动步(用 RST 复位 M1)。这种编程方法与转换实现的基本规则之间有着严格的对应关系,用它编制复杂的顺序功能图的梯形图时,更能显示出它的优越性。

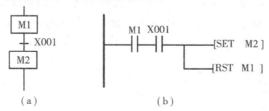

(a)   (b)

图 3 - 4 - 7 以转换为中心的电路编程方法示例
(a)顺序功能图;(b)梯形图

课后练习

水箱水位控制系统程序设计示意图如图 3－4－8 所示。系统有 3 个贮水箱，每个水箱有 2 个液位传感器，UH1、UH2、UH3 为高液位传感器，"1" 有效；UL1、UL2、UL3 为低液位传感器，"0" 有效。Y1、Y3、Y5 分别为 3 个贮水箱进水电磁阀；Y2、Y4、Y6 分别为 3 个贮水水箱放水电磁阀。SB1、SB3、SB5 分别为 3 个贮水水箱放水电磁阀手动开启按钮；SB2、SB4、SB6 分别为 3 个贮水水箱放水电磁阀手动关闭按钮。

控制要求：SB1、SB3、SB5 在 PLC 外部操作设定，通过人为的方式，按随机的顺序将水箱放空。只要检测到水箱"空"的信号，系统就自动地向水箱注水，直到检测到水箱"满"信号为止。水箱注水的顺序要与水箱放空的顺序相同，每次只能对一个水箱进行注水操作。①写出 I/O 分配；②画顺序功能图；③设计梯形图。

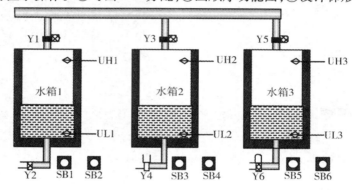

图 3－4－8　水箱注水示意图

运料小车的 PLC 控制

学习目标

（1）掌握 FX2N 的步进指令和状态转移图的功能、应用范围和使用方法。

（2）掌握步进指令和状态转移图编程的规则、步骤与编程方法，并能编写一些工程控制程序。

知识学习

1.状态器（S）

状态器用来记录系统运行中的状态。是编制顺序控制程序的重要编程元件，它与后述的步进顺控指令 STL 配合应用。

状态器有五种类型:初始状态器 S0 ~ S9 共 10 点;回零状态器 S10 ~ S19 共 10 点;通用状态器 S20 ~ S499 共 480 点;具有状态断电保持的状态器有 S500 ~ S899,共 400 点;供报警用的状态器(可用作外部故障诊断输出)S900 ~ S999 共 100 点。

在使用状态器时应注意:

(1)状态器与辅助继电器一样有无数的常开和常闭触点。

(2)状态器不与步进顺控指令 STL 配合使用时,可作为辅助继电器 M 使用。

(3)FX2N 系列 PLC 可通过程序设定将 S0 ~ S499 设置为有断电保持功能的状态器。

2.状态转移图

状态转移图(Sequential Function Chart,SFC)是描述控制系统的控制过程、功能和特性的一种图形,是基于状态(工序)的流程以机械控制的流程来表示。图 3 - 5 - 1 为一顺序控制的状态转移图。

顺序控制要根据预先规定的工作程序和各程序之间相互转换的条件,对控制过程各阶段的顺序进行自动控制。控制顺序根据逻辑规则所决定的信息传输与转换条件决定。因此,设计状态转移图时,首先要将系统的工作过程分解成若干个连续的阶段,这些阶段称为状态或步。每一状态都要完成一定的操作,驱动一定的负载,相邻的状态则又有不同的操作。一个步可以是动作的开始、持续或结束。一个过程划分的步越多,描述得就越精确。状态与状态之间或步与步之间由转换条件来分隔。当相邻两步之间的转换条件得到满足时,转换得以实现,即上一步的活动结束,下一步的活动开始。状态转移图的画法如下:

(1)在状态转移图中,用矩形框来表示"步"或"状态",矩形框中用状态 S 及其编号表示。

(2)与控制过程的初始情况相对应的状态称为初始状态,每个状态转移图应有一个初始状态,初始状态用双线框来表示。与步相关的动作或命令用与步相连的梯形图符来表示。当某步激活时,相应的动作或命令被执行。一个活动步可以有一个或几个动作(命令)被执行。

(3)步与步之间用有向线段来连接,如果进行方向是从上到下或从左到右,则线段上的箭头可以不画。状态转移图中,会发生步的活动状态的进展,该进展按有向连续规定的线路进行,这种进展是由转换条件的实现来完成的。

(4)转换的符号是一条短线,它与步间的有向连接线段相垂直。在短线旁可用文字、布尔表达式或图形符号标注转换条件。

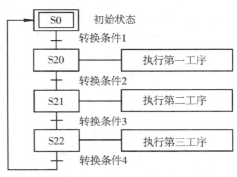

图 3 - 5 - 1 顺序控制的状态转移图

图 3 - 5 - 1 给出的是状态转移图的一种结构形式——单流程形式,它由一系列相继激活的步组成,在每步后面紧接一个转换。此外还有多分支的状态转移图等,后面将进行介绍。

状态转移图可以将一个复杂系统的顺序动作表示得非常清楚、简单、直观和容易理解。它并不涉及具体的实现方法,便于不同专业人员间的技术交流,对于设计系统、编写与调试程序和系统维修都是非常有帮助的。

3. 步进指令

1)指令定义及应用对象

步进控制指令共有两条,其定义及应用对象见表 3 - 5 - 1。

表 3 - 5 - 1　步进指令的定义与应用对象

指　令　符	名　　称	指　令　意　义
STL	步进指令	在顺控程序上进行工序步进型控制的指令
RET	步进复位指令	表示状态流程的结束,返回主程序(母线)的指令

2)指令功能及说明

(1)主控功能。STL 指令仅仅对状态器 S 有效。STL 指令将状态器 S 的触点与主母线相连并提供主控功能。使用 STL 指令后,触点的右侧起点处要使用 LD(LDI)指令,步进复位指令 RET 使 LD 点返回主母线。

(2)自动复位功能。即状态转移后原状态会自动复位。当使用 STL 指令时,新的状态器 S 被置位,前一个状态器 S 将自动复位。对于 STL 指令后的状态器 S,使用 OUT 指令和 SET 指令具有同样的功能,即都能使转移源自动复位,两者的差别是 OUT 指令在状态转移图中只用于向分离的状态转移,而不是向相邻的状态转移。

(3)驱动功能。STL 触点可直接驱动或通过其他触点来驱动软元件线圈负载。

(4)步进复位指令 RET 功能。如前所述,使用 STL 指令后,与其相连的 LD(LDI)回路块被右移,当需要把 LD(LDI)触点返回到主母线上,要用 RET 指令。这里必须注意,STL 指令与 RET 指令并不需要成对使用,但当全部 STL 电路结束时,一定要写入 RET 指令。

工作任务

一、任务要求

工作前运料小车如图 3 - 5 - 2 所示处于原点,下限位开关 LS1 被压合,料斗门关上,原点指示灯亮。当选择开关 SA 闭合,按下启动按钮 SB1,料斗门打开,时间为 8 s,给运料车装料。装料结束,料斗门关上,延时 1 s 后料车上升,直至压合上限位开关 LS2 后停止,延时 1 s 之后卸料 10 s,料车复位并下降至原点,压合 LS1 后停止。然后又开始下一个循环工作。当开关 SA 断开,料车工作一个循环后停止在原位,指示灯亮。按下停车按钮 SB2 后,车立即停止运行。

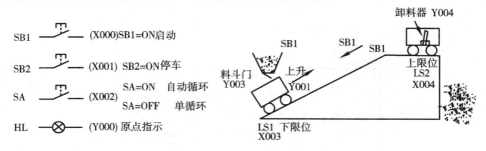

图 3 - 5 - 2　运料小车工作示意图

二、任务分析

1. 输入/输出点确定

根据运料小车的控制要求,需要输入点 5 个、输出点 4 个,具体分配如表 3 - 5 - 2所示。

表 3 - 5 - 2　运料小车输入/输出点分配表

输入(I)		输出(O)	
输入继电器	作用	输出继电器	作用
X0	启动按钮 SB1	Y0	指示灯 HL
X1	停止按钮 SB2	Y1	运料小车上行
X2	选择开头 SA	Y2	运料小车下降
X3	下限位开关 LS1	Y3	料斗卸料
X4	上限位开关 LS2		

2. 状态转移图

图 3 - 5 - 3 是控制运料小车单循环或自动循环的状态转移图。图中用到状态器 S0、S20 ~ S25,每一个状态器表明了每一步的动作内容。当状态转移时,前一个状态转移器自动停止工作,后一个状态器被置位,开始执行新的操作。当运料车处于原点时,即下限位开关 LS1 被压合、料门门关上时,则 S0 转到 S20,原点指示灯 HL 亮。当按下启动按钮 SB1,工作状态器从 S20 转移到 S21。S21 被激励后,接通输出继电器 Y3,料斗门打开 8 s 后关闭,再延时 1 s 后工作状态从 S21 转移到 S22,S22 被激活后,接通输出继电器 Y1,运料车上升直至上限位开关 LS2 接通,工作状态便从 S22 转移到 S23。S23 被激励后,延时 1 s,工作状态从 S23 转移到 S24。S24 被激励后,接通卸料机构驱动输出继电器 Y4,运料车卸料 10 s 后,工作状态从 S24 转移到 S25。S25 被激励后,接通输出继电器 Y2,运料车下降直至下限位开关 LS1 接通,此时如果工作方式选择开关 SA 闭合,则 X2 接通,工作状态从 S25 转移到 S21,运料车自动开始第二次循环工作。如果 SA 断开,即 X2 断开,则转移到初始状态 S0,当 X3 = ON,Y3 = OFF,则 S20 被激励,原点指示灯亮,此时启动按钮重新

按下,又开始第二次循环工作。

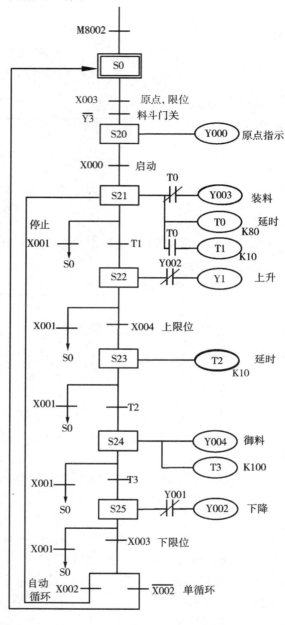

图3-5-3 控制运料小车的状态转移图

3. PLC 控制接线图

根据输入、输出点分配,画出 PLC 的接线图,如图 3-5-4 所示。

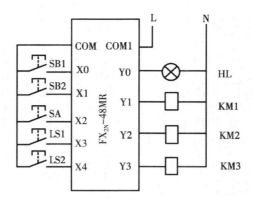

图 3 - 5 - 4　PLC 控制系统实现的
控制运料小车控制线路

4. PLC 梯形图

根据控制要求,设计的梯形图,如图 3 - 5 - 5 所示。

知识拓展

本课题的拓展内容:使用 STL 指令应注意的事项

使用 STL 指令应注意:

(1)与 STL 触点相连的触点应使用 LD 或 LDI 指令。

(2)STL 触点可以直接驱动或通过别的触点驱动 Y、M、S、T 等元件的线圈和应用指令。

(3)由于 PLC 只执行活动状态对应的电路块,使用 STL 指令时允许双线圈输出。

(4)在活动状态转移过程中,相邻的两个状态元件会同时 ON 一个扫描周期,可能会引发瞬时的双线圈问题。

(5)OUT 指令与 SET 指令均可用于活动状态的转移。在 STL 区内的 OUT 指令用于状态转移图中的跳转。如果想跳回已经处理过的步,或向前跳过若干步,可对状态继电器使用 OUT 指令。OUT 指令还可以用于远程跳转,即从状态转移图中的一个序列跳到另外一个序列。

(6)STL 指令不能与 MC/MCR 指令一起使用。

(7)并行序列或选择序列中分支处的支路数不能超过 8 条,总的支路数不能超过 16 条。

(8)在转移条件对应的电路中,不能使用 ANB、ORB、MPS、MRD 和 MPP 指令。

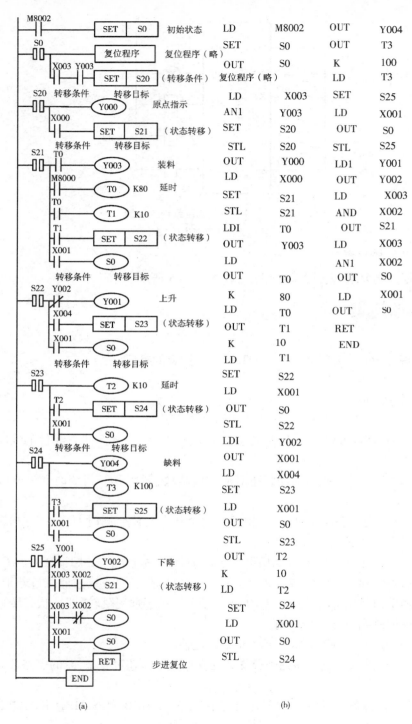

图3-5-5 运料小车的步进梯形图和指令程序

(a)步进梯形图;(b)指令程序

课后练习

（1）某自动送料小车工作要求如图 3 - 5 - 6 所示。在初始位置时，限位开关 SQ1 被压下，按下启动按钮 SB，小车按图 3 - 5 - 6 所示顺序运动，完成一个工作周期。①电机正转，小车右行碰到限位开关 SQ2 后电机停转、小车原地停留；②5 s 后电机反转，小车左行。

试画出自动小车往返控制的状态转移图并编写 PLC 控制程序。

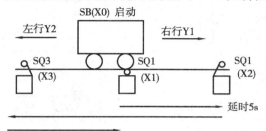

图 3 - 5 - 6　某自动送料小车工作示意图

（2）用步进顺控指令实现本模块课题一。

十字路口交通灯的 PLC 控制

学习目标

（1）熟悉顺控指令的编程方法。
（2）掌握并行性流程程序的编制。
（3）掌握交通灯的程序设计及其外部接线。

知识学习

1. 并行序列的状态转移图

并行序列结构是指同时处理多个程序流程。图 3 - 6 - 1 中当 S21 步被激活成为活动步后，若转换条件 X1 成立就同时执行左、右两个程序。S26 为汇合状态，由 S23、S25 两个状态共同驱动，当这两个状态都成为活动步且转换条件 X4 成立时，汇合转换到 S26 步。

2. 并行序列分支、汇合的编程

并行分支的编程原则是先集中进行并行分支处理，再集中进行汇合处理。当转换条件 X1 接通时，由状态器 S21 分两路同时进入状态器 S22 和 S24，以后系统的两个分支并行工作，图 3 - 6 - 1 中水平双线强调的是并行工作，实际上与一般状

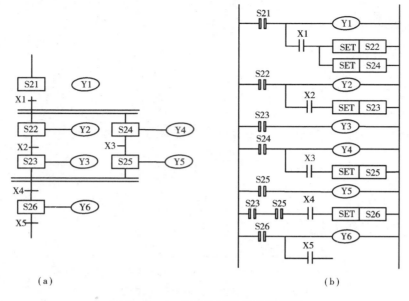

图 3-6-1　并行序列的状态转移图

态编程一样,先进行驱动处理,然后进行转换处理,从左到右依次进行。当两个分支都处理完毕后,S23、S25 同时接通,转换条件 X4 也接通时,S26 接通,同时 S23、S25 自动复位。多条支路汇合在一起,实际上是 STL 指令连续使用(在梯形图上是STL 接点串联)。STL 指令最多可连续使用 8 次,即最多允许 8 条并行支路汇合在一起。

3. 并行序列结构编程的注意事项

(1)并行分支结构的汇合最多能实现 8 个分支的汇合。

(2)在并行分支、汇合处不允许有图 3-6-2(a)的转移条件,而必须将其转化为图 3-6-2(b)后,再进行编程。

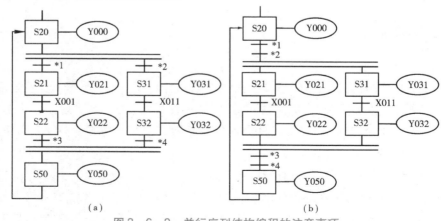

(a)　　　　　　　　　　　　(b)

图 3-6-2　并行序列结构编程的注意事项

(a)转化前;(b)转化后

工作任务

一、任务要求

十字路口交通信号灯的示意图如图3-6-3所示。其动作受开关总体控制，按一下启动按钮，信号灯系统开始工作，并周而复始地循环动作；按一下停止按钮，所有信号灯都熄灭。信号灯控制的具体要求如表3-6-1所示。

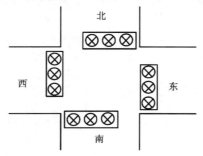

图3-6-3　十字路口交通信号灯示意图

表3-6-1　信号灯控制的具体要求

东西	信号	绿灯亮	绿灯闪亮	黄灯亮	红灯亮		
	时间/s	25	3	2	30		
南北	信号	红灯亮			绿灯亮	绿灯闪亮	黄灯亮
	时间/s	30			25	3	2

二、任务分析

根据信号控制要求，I/O分配如表3-6-2所示。表3-6-2中用一个输出点驱动两个信号灯，如果PLC输出点的输出电流不够，可以用一个输出点驱动一个信号灯，也可以在PLC输出端增设中间继电器，由中间继电器再去驱动信号灯。

1. 输入、输出点确定（表3-6-2）

表3-6-2　十字路口交通信号灯的输入、输出点分配表

输入（I）		输出（O）	
输入继电器	作用	输出继电器	作用
X0	启动按钮SB1	Y0	东西绿灯
X1	停止按钮SB2	Y1	东西黄灯
		Y2	东西红灯
		Y3	南北红灯
		Y4	南北绿灯
		Y5	南北黄灯

2.PLC 控制接线图

根据输入、输出点分配,画出 PLC 的接线图,如图 3-6-4 所示。

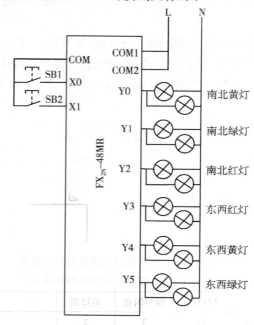

图 3-6-4　PLC 控制系统实现的十字路口交通信号灯控制线路图

3.状态转移图

如图 3-6-5 所示,该功能图的含义是:PLC 一运行,特殊继电器 M8002 即产生一脉冲,将状态元件 S0 置于初始步。与 M8002 并列的 X001 为外部 SB2 控制,在每一次停机时均对状态元件从 S10-S34 进行区间复位,同时它可起停止的作用。此时外部 SB1 给 X000 一个信号,步 S10 被激活,S10 一被激活,同时也激活了东西向的步 S20 和南北向的步 S30。也就是说此时分二路走。先由东西向的步 S20 开始,S20 一被激活,绿灯 Y000 即被点亮,25 s 后,T0 动作将步转入 S21。S21 一被激活 Y000 被再次点亮,此时的 Y000 执行的是 3 s 的闪光定时及闪光。3 s 时间一到,T1 又将步转入 S22,S22 一被激活,黄灯 Y001 被点亮,2 s 后 T2 动作将步转入 S23,即红灯被点亮,30 s 后 T3 将步转入 S24 进入等待状态。由于南北向过程与东西向的过程基本相似,这里不再进行分析。而南北向的步 S33 进入步 S34 时与东西向的步 S24 汇合同时激活步 S10 进行循环。

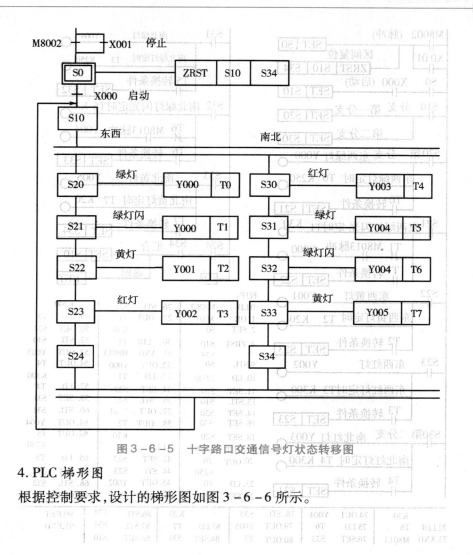

图 3 – 6 – 5 十字路口交通信号灯状态转移图

4. PLC 梯形图

根据控制要求,设计的梯形图如图 3 – 6 – 6 所示。

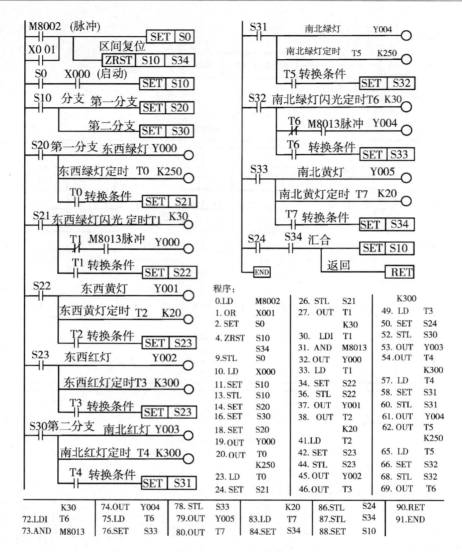

图 3－6－6 十字路口交通信号灯的步进梯形图和指令程序

知识拓展

本课题的拓展内容:状态转移图的基本结构

状态转移图的基本结构可分为单序列、选择序列、并行序列、循环序列和复合序列 5 种。

1. 单序列

单序列结构如图 3－6－7(a)所示。

2.选择序列

选择序列的结构如图 3 - 6 - 7(b)所示。图中共有两个分支,根据分支转移条件 d、e 来决定究竟选择哪一个分支。

3.并行序列

若在某一步执行完后,需要同时启动若干条分支,那么这种结构称为并行序列,如图 3 - 6 - 7(c)所示。

4.循环序列

循环序列用于一个顺序过程的多次反复执行,如图 3 - 6 - 7(d)所示。当 S21 步为活动步,且满足转移条件 c 时,就回到 S0 步开始新一轮的循环。

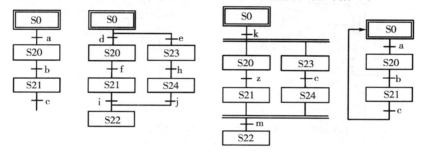

图 3 - 6 - 7　状态转移图的基本结构

(a)单序列;(b)选择序列;(c)并行序列;(d)循环序列

5.复合序列

复合序列就是一个集单序列、选择序列、并行序列和循环序列于一体的结构。向下方的状态直接转移或向系列外的状态转移称为跳转,向上方的状态转移则称为重复或循环,如图 3 - 6 - 8 所示。

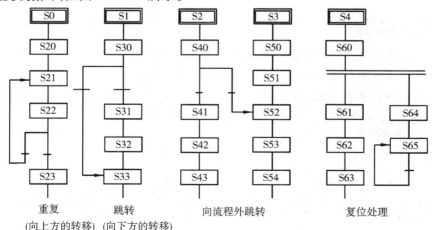

图 3 - 6 - 8　复合序列的状态转移图

(a)重复,(向上方的转移);(b)跳转,(向下方的转移);(c)向流程外跳转;(d)复位处理

课后练习

(1) 根据状态转移图 3-6-9 编制按钮人行道信号灯的 PLC 程序。

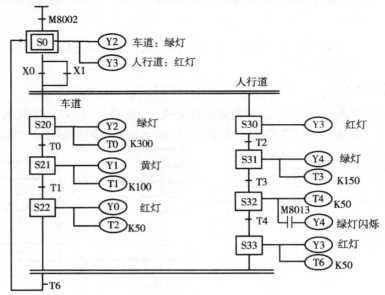

图 3-6-9　按钮人行道信号灯的状态转移图

(2) 若人行道上的绿灯不是闪烁 5 s 而是准确闪烁 5 次, 怎样设计?

课题七　组合钻床的 PLC 控制

学习目标

(1) 用步进顺控指令实现的选择序列的编程方法。
(2) 用步进顺控指令实现的并行序列的编程方法。
(3) 组合钻床 PLC 控制的编程与运行。

知识学习

1. 选择性分支

选择执行多项流程中的某一项流程称为选择性分支。与一般状态的编程一样, 选择性分支先进行驱动处理, 然后进行转移处理。所有的转移处理按顺序继续进行, 如图 3-7-1 所示。

2. 选择性分支的汇合

首先进行汇合前状态的驱动处理, 然后按顺序继续进行汇合状态转移处理。

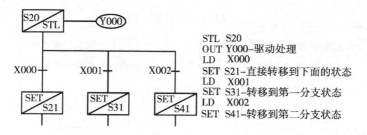

图 3 - 7 - 1　选择性分支

在使用中要注意程序的顺序号,分支列与汇合列不能交叉,如图 3 - 7 - 2 所示。在分支与汇合的转移处理程序中,不能用 MPS、MRD、MPP、ANB、ORB 指令。此外,负载驱动回路也不能直接在 STL 指令后面使用 MPS 指令。

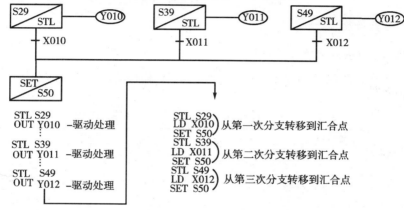

图 3 - 7 - 2　选择性分支汇合的编程

工作任务

一、任务要求

　　如图 3 - 7 - 3 所示是组合钻床的示意图,其工作过程为:组合钻床上放好工件后,按下启动按钮 X0,Y0 变为 ON,工件被夹紧,夹紧后压力继电器 X1 为 ON,Y1 和 Y3 使两只钻头同时开始向下进给。大钻头钻到由限位开关 X2 设定的深度时,Y2 使它上升,升到由限位开关 X3 设定的起始位置时停止上升。小钻头钻到由限位开关 X4 设定的深度时,Y4 使它上升,升到由限位开关 X5 设定的起始位置时停止上升,同时设定值为 3 的计数器 C0 的当前值加 1。两个都到位后,Y5 使工件旋转 120°,旋转到位时 X6 为 ON,旋转结束后又开始钻第二对孔。3 对孔都钻完后,计数器的当前值等于设定值 3,转移条件 C0 满足。Y6 使工件松开,松开到位时,限位开关 X7 为 ON,系统返回初始状态。本课题的任务是要求用 PLC 来实现组合钻床的控制。

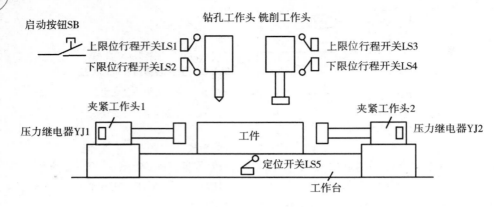

图 3 - 7 - 3　组合钻床示意图

二、任务分析

1.输入/输出点确定

根据组合钻床的控制要求,需要输入点 8 个,输出点 7 个,具体分配见表 3 - 7 - 1所列。

表 3 - 7 - 1　组合钻床控制系统的输入/输出分配表

输入(I)		输出(O)	
输入继电器	作用	输出继电器	作用
X0	启动按钮	Y0	工件夹紧
X1	夹紧压力继电器	Y1	大钻下进给
X2	大钻下位开关	Y2	大钻退回
X3	大钻上限位开关	Y3	小钻下进给
X4	小钻下限位开关	Y4	小钻退回
X5	小钻上限位开关	Y5	工件旋转
X6	工件旋转限位开关	Y6	工件松开
X7	松开到位限位开关		

2.PLC 控制接线图

根据输入/输出点分配,画出 PLC 的接线图如图 3 - 7 - 4 所示。

3.状态转移图

结合钻床的状态转移图如图 3 - 7 - 5 所示,注意:状态 S21 之后,有一个选择序列的合并,还有一个并行序列的分支。在状态 S29 之前,有一个并行序列的合并,还有一个选择序列的分支。在并行序列中,两个子序列中的第一个状态 S22 和 S25 是同时变为活动状态的,两个子序列中的最后一个状态 S24 和 S27 不是同时变为不活动状态的。当状态 S21 是活动状态,并且转移条件 X1 为 ON 时,状态 S22 和 S25 同时变为活动状态,两个序列开始同时工作。在梯形图中,用 S21 的 STL 触点和 X1 的常开触点组成的串联电路来控制 SET 指令对 S22 和 S25 同时置位,系统程序将前级状态 S21 变为不活动状态。图中并行序列合并处的转移有两个前级状态 S24 和 S27,根据转移实现的基本规则,当它们均为活动状态并且转移条件满足时,将实现并行序列的合并。

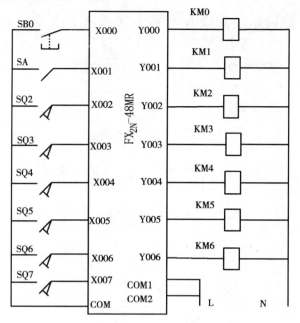

图3-7-4 组合钻床控制系统控制线路图

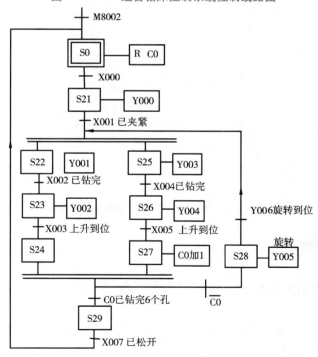

图3-7-5 组合钻床控制系统的状态转移图

4. PLC 梯形图

根据控制要求,设计的梯形图如图 3-7-6 所示。

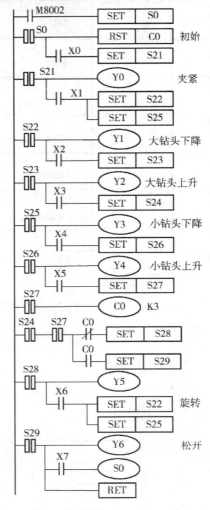

图 3-7-6　组合钻床控制系统的步进梯形图

知识拓展

本课题的拓展内容: 组合流程及虚拟状态

(1)对于某些不能直接编程的分支、汇合组合流程,需要经过某些变换才能进行编程,如图 3-7-7 所示。

(2)有一些分支、汇合状态的状态转移图,既不能直接编程,又不能采用变换后编程;就需要在汇合线到分支线之间插入一个状态,以改变直接从汇合线到下一个分支线的状态转移,称为虚拟状态,如图 3 - 7 - 8 所示。

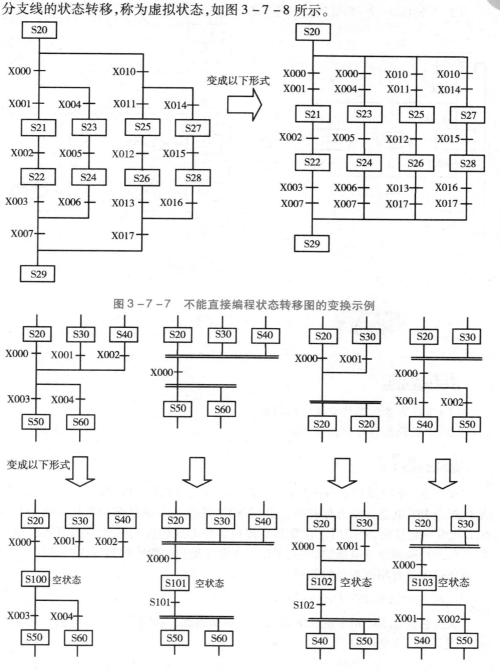

图 3 - 7 - 7　不能直接编程状态转移图的变换示例

图 3 - 7 - 8　组合流程虚拟状态的设置示例

课后练习

(1)顺序控制的状态转移图有哪几种类型?各有什么特点?

模块三　顺序功能图

(2)写出图3-7-9所示状态转移图的指令程序。

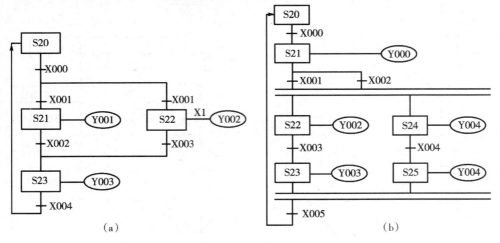

（a）　　　　　　　　　　　　　　（b）

图3-7-9　练习二状态转移图

课题八　机械手传送工件的 PLC 控制

学习目标

(1)掌握有多种工作方式的梯形图。

(2)掌握状态初始化指令 IST。

知识学习

在三菱 FX 微型 PLC 程序设计中,方便指令旨在减轻 PLC 编程负担。状态初始化指令 IST 就是一条方便指令,三菱 FX2N 系列 PLC 的状态初始化指令 IST 与 STL 指令一起使用,专门用来设置具有多种工作方式的控制系统的初始状态和设置有关的特殊辅助继电器的状态,可以大大简化复杂的顺序控制程序的设计工作。下面通过实例介绍该指令的用法。

1.状态初始化 IST 指令和初始化程序

状态初始化 IST 指令的功能是自动设定初始状态和特殊辅助继电器。指令格式如图3-8-1所示。

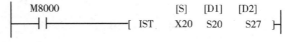

图3-8-1　状态初始化 IST 指令

使用 IST 指令时应注意:

（1）状态初始化 IST 指令的指令代码是 FNC60。

（2）源操作元件[S]指定操作方式输入的首元件，一共 8 个连号的元件。这些元件可以是 X、Y、M 或 S。图 3 - 8 - 1 中 IST 指令的源操作数 X20 用来指定与工作方式有关的输入继电器的首元件，它实际上指定从 X20 开始的 8 个输入继电器，这 8 个输入继电器的意义如表 3 - 8 - 1 所列。

表 3 - 8 - 1

输入继电器 X	功　能	输入继电器 X	功　能
X20	手动	X24	连续运行
X21	回原点	X25	回原点启动
X22	单步运行	X26	自动启动
X23	单周期运行	X27	停止

（3）目标操作元件[D1]指定自动运行方式的最小状态号；[D2]指定自动运行方式的最大状态号。为了使 X20～X27 不同时导通，要求使用选择开关。

（4）IST 指令的执行条件满足时，初始状态继电器 S0～S2 和下列特殊辅助继电器被自动指定为以下功能（如表 3 - 8 - 2 所列），以后即使 IST 指令的执行条件变为 OFF，这些元件的功能仍保持不变。

表 3 - 8 - 2

特殊辅助继电器 M	功能	状态继电器 S	功能
M8040	禁止转换	S0	手动操作初始状态继电器
M8041	转换启动	S1	回原点初始状态继电器
M8042	启动脉冲	S2	自动操作初始状态继电器
M8043	回原点完成		
M8044	原点条件		
M8045	STL 监控有效		

（5）IST 指令只能使用一次，它应放在程序开始的地方，被它控制的 STL 电路应放在它的后面。

2. IST 指令用于工作方式选择的输入继电器元件号的处理

IST 指令要求必须指定具有连续编号的输入点。如果无法指定连续编号，则要使用辅助继电器 M，重新安排输入编号，如图 3 - 8 - 2(b)所示。IST 指令也可以只使用部分工作方式，如图 3 - 8 - 2(c)所示。

工作任务

一、任务要求

在实际生产当中，许多工业设备要求有多种工作方式，比如数控机床要求有手动和自动工作方式，在这些工作方式中又包含有单周期、连续、单步和回原点工作方式。

某机械手完成工件的搬运的示意图如图 3 - 8 - 3 所示，控制面板如图 3 - 8 - 5

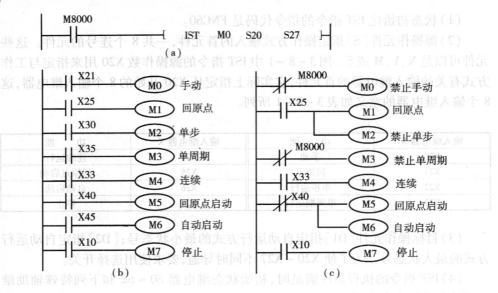

图3-8-2 IST指令用于工作方式选择的输入继电器元件号的处理

所示。机械手将工件从 A 点向 B 点传送,机械手工作原点在左上方,按下降、夹紧、上升、右移、下降、松开、上升、左移的顺序依次运动。系统要求有手动和自动两种工作方式。手动方式时,系统的每个动作都要靠6个手动按钮控制,接到输入继电器的各限位开关都不起作用。自动工作方式又分以下4种工作形式。

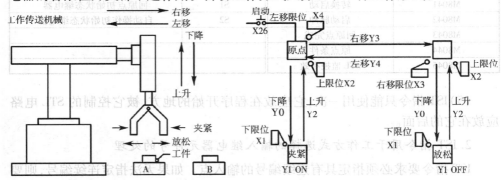

图3-8-3 机械手搬运工件示意图

(1)单周期工作方式:按下启动按钮后,从初始步开始,机械手按规定完成一个周期的工作之后,返回并停留在初始步。

(2)连续工作方式:在初始状态下按下启动按钮后,机械手从初始步开始一个周期一个周期地反复连续工作,按下停止按钮,机械手并不马上停止工作,完成最后一个工作周期的工作后,系统才返回并停留在初始步。

(3)单步工作方式:从初始步开始,按一下启动按钮,系统进入到下一步,完成该步的任务后,自动停止工作并停留在该步,再按一下启动按钮,才进入到下一步。单步工作方式常用于系统的调试。

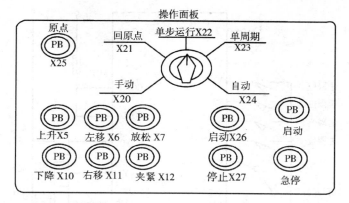

图 3-8-4 机械手的操作面板简易图

（4）回原点工作方式：在选择单周期、连续和单步工作方式之前，系统处于原点状态，如果满足不了这一条件，可选择回原点方式。

二、任务分析

1.输入/输出点确定

根据机械手搬运工件的控制要求，需要输入点 19 个，输出点 5 个，具体分配表3-8-3 所示。

表 3-8-3 输入/输出点分配表

输入（I）		输出（O）	
输入继电器	作用	输出继电器	作用
X1	下限位	Y0	下降
X2	上限位	Y1	电磁铁吸合
X3	右限位	Y2	上升
X4	左限位	Y3	右移
X5	手动上升	Y4	左移
X6	手动左移		
X7	手动放松		
X10	手动下降		
X11	手动右移		
X12	手动夹紧		
X20	手动		
X21	回原点		
X22	单步		
X23	单周期		
X24	连续运行		
X25	回原点启动		
X25	回原点		
X26	自动启动		
X27	停止		

2.PLC 控制接线图

根据输入/输出点分配，画出 PLC 的接线图如图 3-8-5 所示。

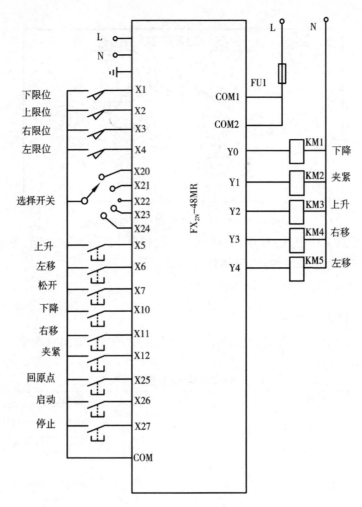

图3-8-5 PLC控制机械手搬运工件的控制线路图

3. PLC 梯形图

1)初始化程序

设置初始状态和原点位置条件,其程序设计如图3-8-6所示。

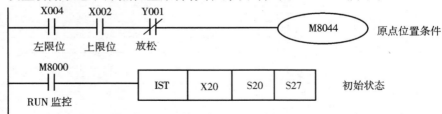

图3-8-6 初始化程序

2）手动方式程序

当选择开关拨到手动方式这一挡时,因 IST 指令置状态继电器 S0 为 ON,由图
3-8-7 可知,按下夹紧按钮 SB6 后,X12 闭合,SET 指令使 Y1 接通,Y1 输出信号
使电磁阀线圈得电,机械手夹紧工件。同样,可完成机械手松开、上升、下降、右行、
左行等动作。

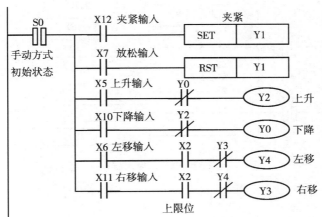

图 3-8-7　手动方式程序

3）回原点方式程序

当拨到回原点方式时,因 IST 指令置状态继电器 S1 为 ON,由图 3-8-8 可
知,当按下回原点按钮 SB7 时,转移到状态 S10,机械手上升;压合上限位行程开关
SQ2,由 S10 转移到 S11 状态,机械手左行;压合左限位行程开关 SQ4,由 S11 转移
到 S12 状态,返回原点结束继电器 M8043 置位,完成机械手回原点动作。如果选择
开关在 M8043 接通前,企图改变运行方式,则由于 IST 指令的作用,使所有输出被
关断。

4）自动方式程序

当拨到单周期这一挡时,因 IST 指令使转移开始,辅助继电器 M8041 仅在按启
动按钮时接通,然后 M8041 = OFF。由图 3-8-9 可知,当完成一个循环工作后,因
转移条件 M8041 = OFF,状态 S2 不能再转移到状态 S21,只能完成单周期运行;当
拨到自动循环挡时,因 IST 指令使转移开始;辅助继电器 M8041 一直保持 ON,机械
手回原点后,由图 3-8-10 可知,M8044 = ON,因此自动循环工作一直能按图
3-8-10所示的流程图连续进行。

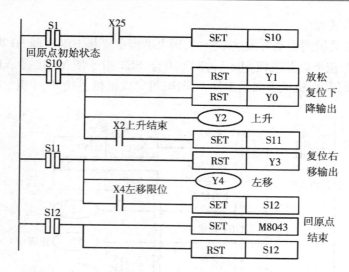

图 3 - 8 - 8　回原点程序

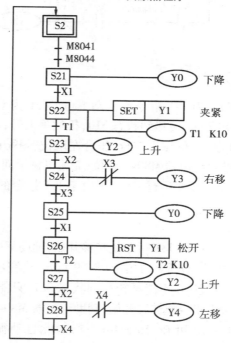

图 3 - 8 - 9　机械手搬运工件自动程序顺序功能图

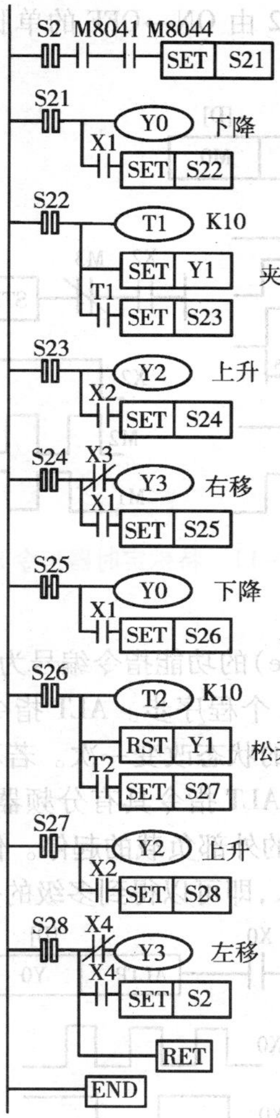

S2 M8041 M8044
├┤├──┤├──┤├──────[SET S21]

S21
├┤├──────(Y0) 下降
   X1
   ├┤├──────[SET S22]

S22
├┤├──────(T1 K10)
   ├──────[SET Y1] 夹紧
   T1
   ├┤├──────[SET S23]

S23
├┤├──────(Y2) 上升
   X2
   ├┤├──────[SET S24]

S24 X3
├┤├──┤├──(Y3) 右移
   X1
   ├┤├──────[SET S25]

S25
├┤├──────(Y0) 下降
   X1
   ├┤├──────[SET S26]

S26
├┤├──────(T2 K10)
   ├──────[RST Y1] 松开
   T2
   ├┤├──────[SET S27]

S27
├┤├──────(Y2) 上升
   X2
   ├┤├──────[SET S28]

S28 X4
├┤├──┤├──(Y3) 左移
   X4
   ├┤├──────[SET S2]

[RET]

[END]

图 3 – 8 – 10　机械手搬运工件自动程序

知识拓展

本课题的拓展内容: 方便指令

1. 特殊定时器指令 STMR

特殊定时器指令的功能是用来产生延时断开定时器、脉冲定时器和闪烁定时器。该指令使用说明如图 3 – 8 – 11 所示。特殊定时器指令的功能指令编号为 FNO65,只有 16 位运算,占 7 个程序步。源操作数[S]为 T0 ~ T199(100 ms 定时器),目标操作数[D]可取 Y、M 和 S,n 等于 1 ~ 32 767,用来指定定时器的设定值,源操作数取 T0 ~ T199(100 ms 定时器),图中 T12 的设定值为 5 s($n = 50$)。图中的

M0 是延时断开定时器,M1 是 X2 由 ON→OFF 的单脉冲定时器,M2 和 M3 是为闪动而设的。

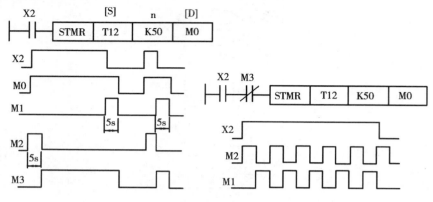

图 3 - 8 - 11　特殊定时器指令 STMR

2. 交替输出指令 ALT

交替输出指令 ALT(Altemate)的功能指令编号为 FNC66,目标操作数[D]可取 Y、M 和 S。只有 16 位运算,占 3 个程序步。ALT 指令使用说明如图 3 - 8 - 12 所示。X0 由 OFF 变为 ON 时,Y0 的状态改变一次。若不用脉冲执行方式,每个扫描周期 Y0 的状态都要改变一次。ALT 指令具有分频器的效果,使用 ALT 指令,用 1 个按钮 X0 就可以控制 Y0 对应的外部负载的起停。使用多条 ALT 指令,并用前一条指令的输出作为后一条的输入,即可以得到多级的分频输出。

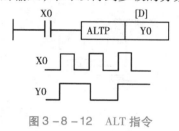

图 3 - 8 - 12　ALT 指令

课后练习

(1)请用"启 - 保 - 停"完成该工作任务的要求。

(2)请使用交替指令完成灯的闪烁,其频率要求亮 2 s 灭 2 s。

模块四 功能指令的应用

学习目标

(1)掌握数据处理类指令,能够用数据处理类指令进行梯形图的编制。

(2)掌握数据转换指令,能灵活运用数据转换指令实现数据处理以及其他应用。

(3)掌握数学运算指令,能灵活运用数学运算指令实现数据处理以及其他应用。

(4)了解时钟运算类及外围设备I/O指令。

课题一 用 PLC 应用指令实现电动机 Y – △自动减压启动控制

学习目标

(1)掌握字元件、位组合元件,理解它们与位元件的联系与区别。

(2)掌握传送指令 MOV 的使用方法。

(3)会使用传送指令 MOV 进行梯形图编程,能灵活地将其应用于各种控制中。

知识学习

功能指令(Functional Instruction,Applied Instruction)是 PLC 数据处理能力的标志,是用于数据的传送、运算、变换及程序控制等功能。这类指令实际上就是一个个功能完整的子程序。由于数据处理远比逻辑处理复杂,功能指令无论从梯形图的表达形式上,还是从涉及的机内器件种类及信息的数量上都有一定的特殊性。近年来,功能指令在综合性方面有了很大的提高,如 PID 功能、表功能等。从而提高了 PLC 的实用价值和普及率。本项目将介绍一些应用较为广泛的功能指令。

1. 功能指令的格式

与基本指令不同,功能指令不是表达梯形图符号间的相互关系,而是直接表达指令的功能。FX 系列 PLC 采用计算机通用的助记符形式来表示功能指令。一般用指令的英文名称或缩写作为助记符。图 4-1-1 的 M8002 的常开触点是功能指令的执行条件(工作条件),其后的方框即为功能框。功能框中分栏表示指令的名称、相关数据或数据的存储地址。这种表达方式的优点是直观、易懂。图 4-1-1 中指令的功能是:当 M8002 接通时,十进制常数 9 被送到输出继电器 Y000~Y003 中去,相当于如图 4-1-2 所示的用基本指令实现程序。由此可见,完成相同的任务,用功能指令要比用基本指令编写的程序简练得多。

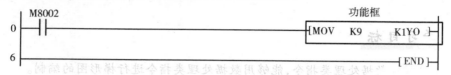

图 4-1-1　用功能指令实现的梯形图

图 4-1-2　用基本指令实现的梯形图

下面介绍功能指令的格式,如图 4-1-3 所示。

图 4-1-3　功能指令的格式

1)编号

功能指令用编号 FNC00~FNC294 表示,并给出对应的助记符。例如,FNC12 的助记符是 MOV(传送),FNC45 的助记符 MEAN(求平均数)。若使用简易编程器时应输入编号,如 FNC12、FNC45 等,若采用编程软件时可输入助记符,如 MOV、MEAN 等。

2)助记符

指令名称用助记符表示,功能指令的助记符为该指令的英文缩写词。如传送指令 MOVE 简写为 MOV,加法指令 ADDITION 简写为 ADD 等。采用这种方式容易了解指令的功能。如图 4-1-4 所示梯形图中的助记符 MOV,DMOVP 中的"D"表示数据长度,"P"表示执行形式。

3)数据长度

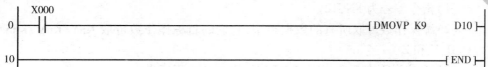

图 4 - 1 - 4　说明助记符的梯形图

功能指令按处理数据的长度分为 16 位指令和 32 位指令。其中 32 位指令在助记符前加"D",若助记符前无"D",则为 16 位指令,如 MOV 是 16 位指令,DMOV 是 32 位指令。

4)执行形式

功能指令有脉冲执行型和连续执行型两种执行形式。在指令助记符后标有"P"的为脉冲执行型,无"P"的为连续执行型。如 MOV 是连续执行型 16 位指令,MOVP 是脉冲执行型 16 位指令,而 DMOVP 是脉冲执行型 32 位指令。脉冲执行型指令在执行条件满足时仅执行一个扫描周期,这点对数据处理有很重要的意义。如一条加法指令,在脉冲执行时,只将加数和被加数进行一次加法运算。而连续型加法运算指令在执行满足时,每一个扫描周期都要相加一次。

5)操作数

操作数是指应用指令涉及或产生的数据。有的功能指令只需要指定功能号,大多数功能指令在指定功能号的同时还需要有 1 ~ 4 个操作数。操作数分为源(Source)操作数、目标(Destination)操作数及其他操作数。源操作数是指指令执行后不改变其内容的操作数,用[S]表示。目标操作数是指执行后将改变其内容的操作数,用[D]表示。用 m 或 n 表示其他操作数,它们常用来表示常数,或作为源操作数和目标操作数的补充说明。表示常数时,K 为十进制常数,H 为十六进制常数。需注释的项目较多时,可以采用 S1、S2 等方式。

操作数从根本上来说,是参加运算数据的地址。地址是依元件的类型分布在存储区中的。由于不同指令对参与操作的元件类型有一定的限制,因此操作数的取值就有一定的范围。正确地选取操作数类型,对正确使用指令有很重要的意义。

2. 传送指令 MOV

传送指令 MOV(Move)的功能是将源操作数内的数据传送到指定的目标操作数内,即[S]→[D]。传送指令 MOV 的说明如图 4 - 1 - 5 所示。当 X0 = ON 时,源操作数[S]中的常数 K100 传送到目标操作元件 D10 中。当指令执行时,常数 K100 自动转换成二进制数。当 X0 断开时,指令不执行,数据保持不变。

使用 MOV 指令时应注意:

图 4 - 1 - 5　MOV 指令应用的梯形图

（1）指令编号为 FNC12。

（2）源操作数可取所有的数据类型,它们的目标操作数可取 KnY、KnM、KnS、T、C、D、V 和 Z。

（3）16 位运算占 5 个程序步,32 位运算占 9 个程序步。

工作任务

一、任务要求

三相异步电动机控制要求如下:

（1）按正转按钮 SB1,电机以 丫 – △方式启动,丫形接法运行 5 s 后转换为△形运行。

（2）按停止按钮 SB3,电机立即停止运行。

（3）按反转按钮 SB2,电机以 丫 – △方式启动,丫形接法运行 5s 后转换为△形运行。正转时,反转无法启动;反转时,正转无法启动。正反转的切换只能通过停止来实现。

（4）按停止按钮 SB3,电机立即停止运行。

本任务要求使用功能指令实现三相异步电动机控制。

二、任务分析

1. 输入/输出点的确定

根据控制要求,需要 3 个输入点,4 个输出点,具体输入/输出点分配见表 4 – 1 – 1 所列。

表 4 – 1 – 1   电动机丫 – △自动减压启动控制的输入/输出点分配表

输入(I)			输出(O)		
输入继电器	输入元件	作用	输出继电器	输出元件	作用
X0	SB1	正转启动按钮	Y0	KM1	正转交流接触器
X1	SB2	反转启动按钮	Y1	KM2	反转交流接触器
X2	SB3	停止按钮	Y2	KM3	丫形交流接触器
			Y3	KM4	△形交流接触器

2. PLC 控制接线图

根据输入/输出点分配,PLC 控制三相异步电动机丫 – △减压启动的控制线路如图 4 – 1 – 6 所示。

3. PLC 梯形图

根据电动机丫 – △启停控制的要求,通电时,按下正转按钮 X0,Y0、Y2 应为 ON(传送的常数为 1 + 4 = 5),电动机丫形启动,5 s 之后,断开 Y0、Y2,接通 Y3(传送常数为 8)。然后接通 Y0、Y3(传送常数为 1 + 8 = 9),电动机△形运行,停止时,

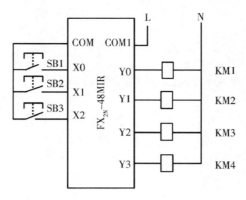

图 4 - 1 - 6　PLC 控制电动机

丫 - △自动减压启动控制线路图

各输出均为 OFF(传送常数为 0)。当反转启动时,算法一样,依此类推即可。另外,启动过程中的每个状态间应有时间间隔,时间间隔由电动机启动特性决定。在本任务中假设启动时间为 5 s,丫 - △转换时间为 2 s。梯形图设计如图 4 - 1 - 7 所示。

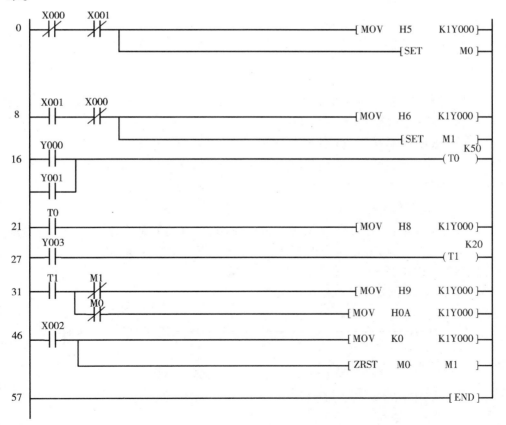

图 4 - 1 - 7　用功能指令实现的电动机丫 - △自动减压启动的梯形图

拓展知识

本课题的拓展内容：传送指令[FNC12－FNC16]

传送指令是功能指令中使用最为频繁的指令。本课题在知识学习当中已经学习 MOV 指令，这里不再说明。在 FX$_{2N}$系列 PLC 中，传送指令除了 MOV（传送）外，还有 SMOV（BCD 码移位传送）、CML（取反传送）、BMOV（数据块传送）和 FMOV（多点传送）以及 XCH（数据交换）指令。

1. 移位传送

移位传送指令 SMOV（ShiftMove）的功能是源数据（二进制数）被转换成 4 位 BCD 码，然后将它移位传送。图 4－1－8 中的 X0 为 ON 时，将 D1 中右起第 4 位（ml＝4）开始的 2 位（m2＝2）BCD 码，移到目标操作数（D2）的右起第 3 位（n＝3）和第 2 位（见图 4－1－8），然后 D2 中的 BCD 码自动转换为二进制数，D2 中的第 1 位和第 4 位不受移位传送值的影响。

图 4－1－8　移位传送指令的梯形图

使用 SMOV 指令时应注意：

（1）SMOV 功能指令编号为 FNC13。

（2）只有 16 位运算，占 11 个程序步。

（3）SMOV 指令可取除 K、H 以外的其他类型的操作数。它们的目标操作数可取 KnY、KnM、KnS、T、C、D、V 和 Z。

2. 取反传送指令

取反传送指令的助记符为 CML（Complement），其功能是将源元件中的数据逐位取反（1→0,0→1）并传送到指定目标。若源数据为常数 K，该数据会自动转换为二进制数。CML 用于可编程控制器反逻辑输出时非常方便。图 4－1－9 所示的 CML 指令将 D0 的低 4 位取反后传送到 Y0～Y3 中。

图 4－1－9　取反传送指令的梯形图

使用 CML 指令时的注意事项：

（1）功能指令编号为 FNC14。

（2）16 位运算占 5 个程序步，32 位运算占 9 个程序步。

3. 块传送指令

块传送指令 BMOV(Block Move)的功能是将源操作数指定的元件开始的 n 个数据组成的数据块传送到指定的目标。如果元件号超出允许的范围,数据仅仅传送到允许的范围。

使用 BMOV 指令时应注意:

(1)功能指令编号为 FNC15。

(2)16 位操作占 7 个程序步。

(3)块传送指令的源操作数可取 KnX、KnY、KnM、KnS、T、C、D 和文件寄存器,目标操作数可取 KnY、KnM、KnS、T、C 和 D。

(4)传送顺序是自动决定的,以防止源数据块与目标数据块重叠时源数据在传送过程中被改写。如果源元件与目标元件的类型相同,传送顺序如图 4 - 1 - 10 所示。

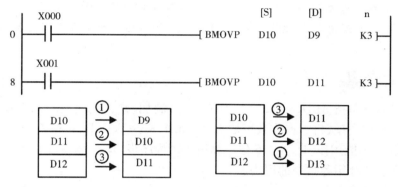

图 4 - 1 - 10　块传送指令

(5)利用 BMOV 指令可以读出文件寄存器(D1000 ~ D7999)中的数据。

4. 多点传送指令

多点传送指令 FMOV(Fill Move)的功能是将源元件中的数据传送到指定目标开始的 n 个元件中,传送后 n 个元件中的数据完全相同。如果元件号超出允许的范围,数据仅仅送到允许的范围中。图 4 - 1 - 11 中的 X0 为 ON 时将常数 0 送到 D5 ~ D14 这 10 个($n = 10$)数据寄存器中。

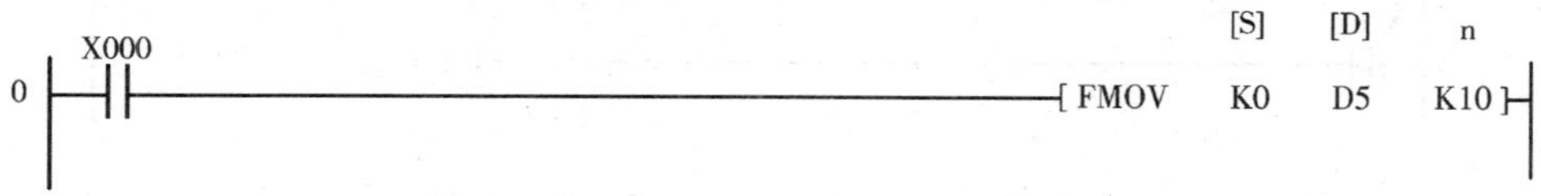

图 4 - 1 - 11　多点传送指令

使用 FMOV 指令时应注意:

(1)功能指令编号为 FNC16。

(2)16 位操作占 7 个程序步,32 位操作占 13 个程序步。

(3)它的源操作数可取所有的数据类型,目标操作数可取 KnY、KnM、KnS、T、C

和 D,$n \leqslant 512$。

课后练习

(1)什么是功能指令？有什么用途？

(2)功能指令有哪些要素？叙述它们的使用意义。

(3)MOV 指令能不能向 T、C 的当前值寄存器传送数据？

 课题二 四则运算指令的应用

学习目标

(1)掌握二进制加、减、乘、除算术运算指令 ADD、SUB、MUL、DIV。

(2)会使用运算指令编写梯形图,能灵活运用上述指令实现数据处理以及其他应用。

知识学习

算术运算包括 ADD、SUB、MUL、DIV(二进制加、减、乘、除)指令,源操作数可取所有的数据类型,目标操作数可取 KnY、KnM、KnS、T、C、D、V 和 Z(32 位乘除指令中 V 和 Z 不能用作[D])。16 位运算占 7 个程序步,32 位运算占 13 个程序步。

下面逐一介绍各指令的用法。

1)加法指令

加法指令 ADD(Addition)将源元件中的二进制数相加,结果送到指定的目标元件。使用 ADD 指令时应注意:

(1)加法指令 ADD 功能指令编号为 FNC20。

(2)加法指令每个数据的最高位为符号位(0 为正,1 为负)。加减运算为代数运算。图 4-2-1 中的 X0 为 ON 时,执行(D10)+(D12)→(D14)。

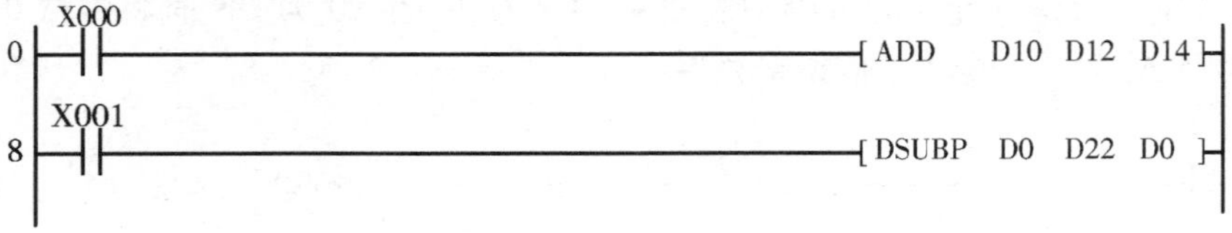

```
      X000
 0 ──┤├──────────────────────────────[ ADD   D10  D12  D14 ]──
      X001
 8 ──┤├──────────────────────────────[ DSUBP D0   D22  D0  ]──
```

图 4-2-1 二进制加减法运算的梯形图

(3)在 32 位运算中用到字编程元件时,被指定的字编程元件为低位字,下一个编程元件为高位字。为了避免错误,建议指定操作元件时采用偶数元件号。

(4)加法指令 ADD 有 3 个标志位。M8020 为零标志位,M8021 为借位标志位,M8022 为进位标志位。

如果运算结果为 0,零标志 M8020 置 1;运算结果超过 32767(16 bit 运算)或 2147483647(32 bit 运算),进位标志 M8021 置 1;运算结果小于 -32767(16 bit 运算)或 -2147483647(32 bit 运算),借位标志 M8023 置 1;标志位的 ON 与 OFF 状态与数值的正负关系如图 4-2-2 所示。

(5)若源元件和目标元件号相同,并采用连续执行的 ADD 指令,每一个扫描周期加法的结果都会改变。

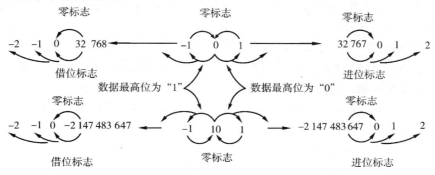

图 4-2-2　标志的状态与数值的正负关系

2)减法指令

减法指令 SUB(Subtraction)的功能是将[S1]指定的元件中的数减去[S2]指定的元件中的数,结果送到[D]指定的目标元件。图 4-2-1 中的 X1 为 ON 时,执行 (D1、D0) - K22→(D1、D0)。使用 SUB 指令时应注意:

(1)减法指令的功能指令编号为 FNC21。

(2)每个标志的功能、32 位运算元件的指定方法、连续执行和脉冲执行的区别等均与加法指令中的相同。

(3)用脉冲执行的加减指令来加 1 或减 1 与脉冲执行的 INC(加 1)或 DEC(减 1)指令的执行结果相似,其不同之处在于 INC 指令和 DEC 指令不影响零标志、借位标志和进位标志。

3)乘法指令

乘法指令 MUL(Multiplication)将源元件中的二进制数相乘,结果(32 bit)送到指定的目标元件。乘法指令 MUL 有 16 位和 32 位两种情况。如图 4-2-3 所示为 16 位运算,执行条件的 X0 为 ON 时,执行(D0)×(D2)→(D4),即将 D0 和 D2 中的数相乘,乘积的低位字送到 D4,高位字送到 D5。源操作数是 16 位,目标操作数是 32 位。使用 MUL 指令时应注意:

(1)乘法指令的功能指令编号为 FNC22。

(2)乘法指令的每个数据的最高位为符号位(0 为正,1 为负)。

(3)目标位元件(如 KnM)可用 K1 ~ K8 来指定位数。如果用 K4 来指定位数,只能得到乘积的低 16 位。32 位乘法运算指令 DMUL 如用位元件作目标,则只能得到乘积的低 32 位,高 32 位丢失。在这种情况下,应先将数据移入字元件再进行

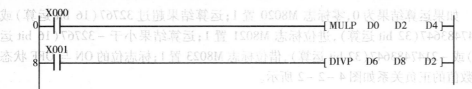

图4-2-3　二进制乘除法说明的梯形图

运算。用字元件时,不能监控64位数据的内容,在这种情况下,建议采用浮点运算。

4)除法指令

除法指令DIV(Division)是将指定的源元件中二进制数相除,用[S1]指定被除数,[S2]指定除数,商送到[D]指定的目标元件,余数送到[D]的下一个元件。图4-2-3中的X1为ON时执行(D7、D6)÷(D9、D8),商送到(D3、D2),余数送到(D5、D4)。

使用DIV指令时应注意:

(1)除法指令的功能指令编号为FNC23。

(2)若除数为0则出错,不执行该指令。

(3)若位元件被指定为目标元件,不能获得余数,商和余数的最高位为符号位。

工作任务

一、任务要求

四则运算作为计算机的基本功能,可编程序控制的核心是单片机,可编程控制器当然也就具备四则运算的能力,如某控制程序中要进行以下算式的运算:

$$Y = 30X/20 + 5$$

式中X用输入端口K2X000送入,用X020作为启停开关。本任务要求用PLC完成上式的加、乘、除运算。运算结果用接在K2Y0口的信号灯来显示。

二、任务分析

1.输入/输出点的确定

从上面的分析可知,需要9个输入点,作为开关接入端口;需要占用8个输出点,可以接在Y0~Y7,具体输入/输出点分配表4-2-1所列。

表4-2-1　四则运算的输入/输出点分配表

输入(I)		输出(O)	
输入继电器	作用	输出继电器	作用
X0~X7	输入二进制数	Y0~Y7	运算结果
X20	启停按钮		

2.PLC控制接线图

根据输入/输出点分配,PLC控制系统实现的四则运算控制线路如图4-2-4

所示。

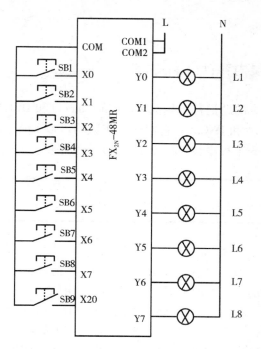

图 4 - 2 - 4　PLC 控制系统实现的四则运算控制线路图

3. PLC 梯形图

根据控制要求设计的梯形图如图 4 - 2 - 5 所示。

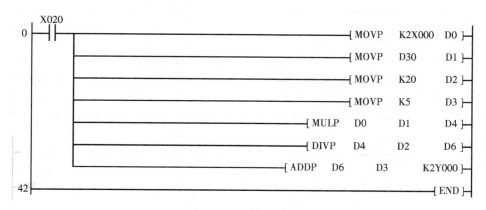

图 4 - 2 - 5　四则运算的梯形图

知识拓展

本课题的拓展内容: 加 1 和减 1 指令

加 1 和减 1 指令的助记符分别为 INC(Increment) 和 DEC(Decrment),功能指令编号分别为 FNC24 和 FNC25。它们的操作数均可取 KnY、KnM、KnS、T、C、D、V和 Z。16 位运算占 3 个程序步,32 位运算占 5 个程序步。

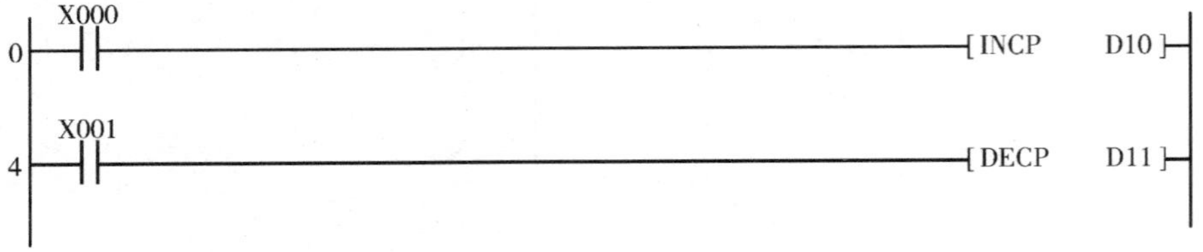

```
       X000
   0   ┤├                                        ──[ INCP    D10 ]

       X001
   4   ┤├                                        ──[ DECP    D11 ]
```

图 4 – 2 – 6   二进制加 1 减 1 运算的梯形图

图 4 – 2 – 6 中的 X0 每次由 OFF 变为 ON 时,由[D]指定的元件中的数增加 1。如果不用脉冲指令,每一个扫描周期都要加 1。在 16 位运算中,32 767 再加 1 就变成 – 32 768,但标志位不会变动。32 位运算时, + 2 147 483 647 再加 1 就会变为 – 2 147 483 648,但标志位不会变动。图 4 – 2 – 7 中的程序将计数器 C0 ~ C9 的当前值转换为 BCD 码后输出到 K4Y0。Z0 被复位输入 X0 清 0。每次 X11 为 ON 时,C0 ~ C9 的当前值依次输出到 K4Y0。(Z0) = 10 时 M1 变为 ON,将 Z0 清零。

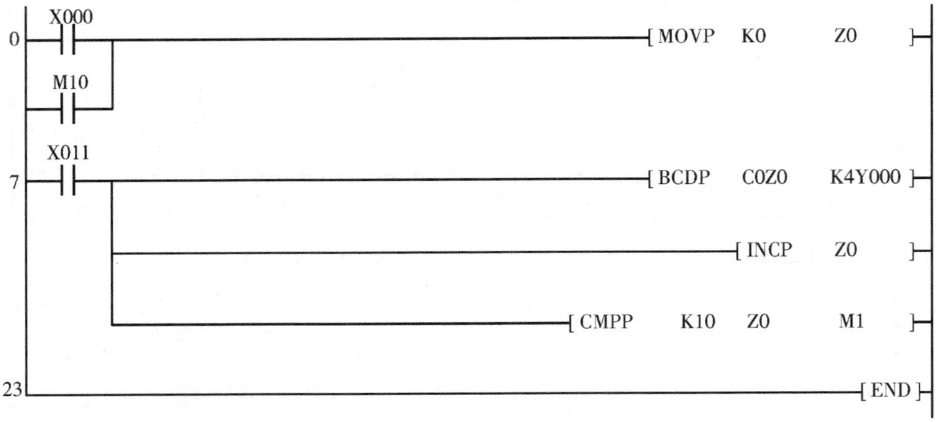

```
       X000
   0   ┤├                                      ──[ MOVP    K0      Z0  ]
       M10
       ┤├

       X011
   7   ┤├──┬──                                 ──[ BCDP    C0Z0    K4Y000 ]
           │
           ├──                                 ──[ INCP    Z0  ]
           │
           └──                                 ──[ CMPP    K10     Z0      M1 ]

  23                                           ──[ END ]
```

图 4 – 2 – 7   综合运算举例的梯形图

课后练习

(1)梯形图如图 4 – 2 – 8 所示,请调试此程序,观察其变化,并且改变 K10、K15的数值。

(2)用乘法、除法指令实现灯组的移位循环。有一组灯 15 个,分别接于 Y0 ~

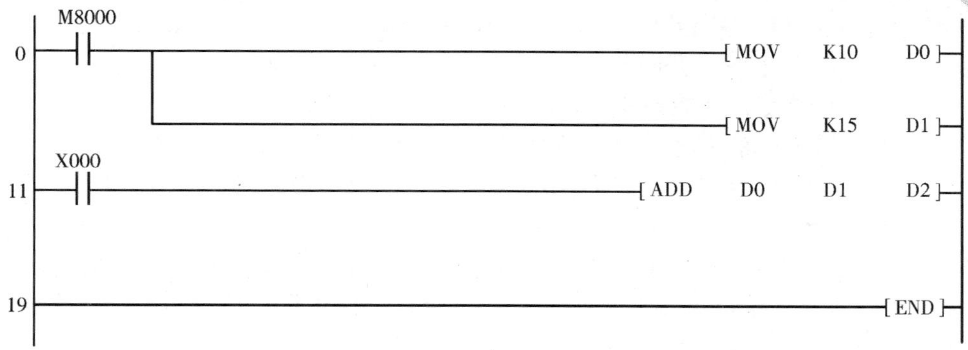

```
        M8000
0   ├──┤├──┬─────────────────────────────────────[ MOV    K10    D0 ]
        │  │
           └─────────────────────────────────────[ MOV    K15    D1 ]
        X000
11  ├──┤├──────────────────────────────────────[ ADD    D0     D1    D2 ]


19  ├────────────────────────────────────────────────────────[ END ]
```

图4-2-8　练习题的梯形图

Y17。要求:当 X0 = ON 时,灯正序每隔 1 s 单个移位并循环;当 X1 = ON 并且 Y0 = OFF 时,灯反序每隔 1 s 单个移位,至 Y0 为 ON,停止。

(3)比较图4-2-9中三条指令的执行情况。

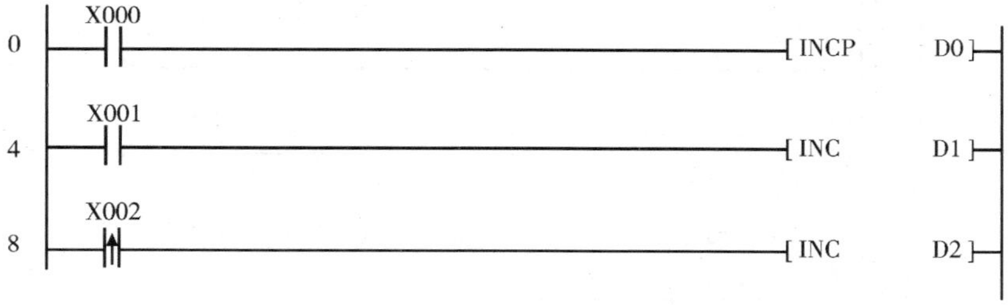

```
        X000
0   ├──┤├──────────────────────────────────────────[ INCP    D0 ]
        X001
4   ├──┤├──────────────────────────────────────────[ INC     D1 ]
        X002
8   ├──┤↑├─────────────────────────────────────────[ INC     D2 ]
```

图4-2-9　练习题的梯形图

 课题三　用 PLC 实现简易密码锁的控制

学习目标

(1)掌握比较指令 CMP,区间复位指令 ZRST。

(2)会使用比较指令 CMP、区间复位指令 ZRST 进行梯形图编程,能灵活的将其应用于各种控制中。

知识学习

1. 比较指令

比较指令 CMP(Compare)的功能是比较源操作数[S1]和[S2],比较的结果送到目标操作数[D]中去。图4-3-1中的比较指令将十进制常数 100 与计数器 C0 的当前值比较,比较结果送到 M0 ~ M2。X0 为 OFF 则不进行比较,M0 ~ M2 的状态保持不变。X0 为 ON 时进行比较,如果比较结果为[S1] > [S2],M0 = ON;若

$[S1]=[S2]$,M1 = ON;若$[S1]<[S2]$,M2 = ON。

使用 CMP 指令时应注意：

（1）比较指令的功能指令编号为 FNC10；

（2）比较指令的 16 位运算占 7 个程序步,32 位运算占 13 个程序步。

（3）比较的源操作数$[S1]$和$[S2]$可取任意的数据格式,目标操作数$[D]$可取 Y,M 和 S,占用 3 点。

（4）当比较指令的操作数不完整(若只指定一个或两个操作数),或者指定的操作数不符合要求(例如把 X、D、T、C 指定为目标操作数),或者指定的操作数的元件号超出了允许范围的情况时,用比较指令就会出错。

（5）如要清除比较结果,要采用复位指令 RST 或 ZRST 复位指令。

图 4 - 3 - 1　CMP 指令说明的梯形图

2. 传送、比较指令的基本用途有：

1）用以获得程序的初始工作数据

一个控制程序总是需要初始数据。这些数据可以从输入端口上连接的外部器件获得,需要使用传送指令读取这些器件上的数据并送到内部单元;初始数据也可以用程序设置,即向内部单元传送立即数;另外,某些运算数据存储在机内的某个地方,等程序开始运行时通过初始化程序传送到工作单元。

2）机内数据的存取管理

在数据运算过程中,机内数据的传送是不可缺少的。运算可能要涉及不同的工作单元,数据需要在它们之间传送;运算可能会产生一些中间数据,这些中间数据需要传送到适当的地方暂时存放;有时机内的数据需要备份保存,因此需要找地方把这些数据存储妥当。总之,对一个涉及数据运算的程序,数据管理是很重要的。

此外,二进制和 BCD 码的转换在数据管理中也很重要。

3）运算处理结果向输出端口传送

运算处理结果总是要通过输出实现对执行器件的控制,或者输出数据用于显示,或者作为其他设备的工作数据。对于输出口连接的离散执行器件,可成组处理后看做是整体的数据单元,按各端口的目标状态送入一定的数据,可实现对这些器件的控制。

4）比较指令用于建立控制点

控制现场常有将某个物理量的量值或变化区间作为控制点的情况。如温度低于多少度就打开电热器，速度高于或低于一个区间就报警等。作为一个控制"阀门"，比较指令常出现在工业控制程序中。

工作任务

一、任务要求

密码锁有 3 个置数开关（12 个按钮），分别代表 3 个十进制数，如所拨数据与密码锁设定相符，则 3 s 后开启锁，20 s 后重新锁上。本任务要求用功能指令实现控制。

二、任务分析

密码锁的密码由程序事先设好，如要解锁则从置数开关送入的数据要和密码相等，解决这个问题可以用功能指令中的比较指令实现。置数开关有 12 条输出线，分别接入 X0 ~ X3，X4 ~ X7，X10 ~ X13，其中 X0 ~ X3 代表第一个十进制数，X4 ~ X7 代表第二个十进制数，X10 ~ X13 代表第三个十进制数；密码锁的控制信号从 Y0 输出。

1. 输入/输出点的确定

从上面的分析可知，需要 12 个输入点，1 个输出点，具体输入/输出点分配如表 4 - 3 - 1 所列。

表 4 - 3 - 1　密码锁控制的输入/输出点分配表

输入（I）		输出（O）	
输入继电器	作用	输出继电器	作用
X0 ~ X3	密码个位	Y0	密码锁控制信号
X4 ~ X7	密码百位		
X10 ~ X13	密码千位		

2. PLC 控制接线图

根据输入/输出点分配，PLC 控制系统实现的密码锁控制线路如图 4 - 3 - 2 所示。

3. PLC 梯形图

本程序的设计假设程序事先设好的密码为 K369，其具体梯形图设计如图 4 - 3 - 3 所示。

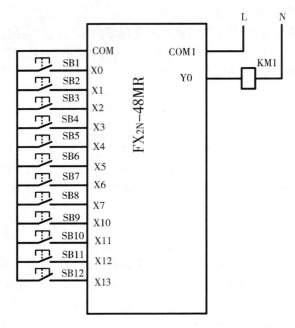

图 4－3－2　PLC 控制系统实现的密码锁控制线路

```
0   M8000 ─────────────────────────[ CMP   K369    K3X000   M10 ]
8   M11 ──┬─────────────────────────────────────────────(T0 )  K30
          │                                                     K200
          └─────────────────────────────────────────────(T1 )
15  T0 ───────────────────────────────────────────[ SET   Y000 ]
17  T1 ───────────────────────────────────────────[ RST   Y000 ]
19  ──────────────────────────────────────────────────────[ END ]
```

图 4－3－3　密码锁的梯形图

拓展知识

本课题的拓展内容： 区间复位指令（ZRST）

区间复位指令 ZRST（Zone Reset）可将［D1］、［D2］指定的元件号范围内的同类元件成批复位。

使用区间复位指令 ZRST 应注意：

（1）区间复位指令的功能指令编号为 FNC40。

(2)区间复位指令的目标操作数可取 T,C 和 D(字元件)或 Y,M,S(位元件)。

(3)虽然 ZRST 指令是 16 位处理指令,但[D1]、[D2]也可以指定 32 位计数器。

除了 ZRST 指令外,可以用 RST 指令复位单个元件。用多点写入指令 FMOV将 K0 写入 KnY、KnM、KnS、T、C 和 D,也可以将它们复位。

如图 4-3-4 所示,此梯形图的功能为将 S10~S100 共 91 位全部复位。

图 4-3-4　ZRST 指令说明的梯形图

课后练习

某自动生产线上的运料小车如图 4-3-5 所示,运料小车由一台三相异步电动机拖动,电机正转,小车向右行,电机反转,小车左行。在生产线上有 5 个编码位 1~5 的站点供小车停靠,在每一个停靠站安装一个行程开关以检测小车是否到达该站点。对小车的控制除了启动按钮和停靠按钮之外,还设有 5 个呼叫按钮开关(SB1~SB5)分别与 5 个停靠站点相对应。

运料小车控制系统的控制要求如下:

(1)按下启动按钮,系统开始工作,按下停止按钮,系统停止工作。

(2)当小车当前所处停靠站的编码小于呼叫按钮 HJ 的编码时,小车向右行,运行到呼叫按钮 HJ 所对应的停靠站时停止。

(3)当小车当前所处停靠站的编码大于呼叫按钮 HJ 的编码时,小车向左行,运行到呼叫按钮 HJ 所对应的停靠站时停止。

(4)当小车当前所处停靠站的编码等于呼叫按钮 HJ 的编码时,小车保持不变。

(5)呼叫按钮 SB1~SB5 应有互锁功能,先被按下者优先。

图 4-3-5　运料小车运行图

课题四　城市灯光控制

学习目标

（1）掌握比较类指令 ZCP 和触点型比较指令。

（2）能够利用比较类指令编写梯形图。

（3）了解时钟运算比较指令。

知识学习

1. 区间比较

区间比较指令的助记符为 ZCP（ZoneCompare），功能是将源操作数[S]的数据和两个源操作数[S1]和[S2]的数据进行比较，结果送到[D]中，[D]为三个相邻元件的首地址。图 4－4－1 中的 X0 为 ON 时，执行 ZCP 指令，将 T3 的当前值与常数 100 和 150 相比较，比较结果送到 M3～M5，源数据[S1]不能大于[S2]。

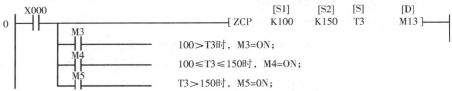

图 4－4－1　ZCP 指令说明的梯形图

使用 ZCP 指令时应注意：

（1）ZCP 功能指令编号为 FNC11。

（2）ZCP16 位运算占 9 个程序步，32 位运算占 17 个程序步。

（3）源操作数[S1]、[S2]与[S]的形式可以为 K、H、KnX、KnY、KnM、KnS、T、C、D、V、Z;目标操作数[D]可以为 Y、M、S。

（4）源数据的内容[S1]＜[S2]，如果[S1]＞[S2]，则把[S1]视为[S2]处理。

（5）当 X0 由 ON→OFF 时，不执行 ZCP 指令，比较结果保持不变，需要用复位指令 RST 或 ZRST 才能清除。

（6）目标操作数[D]由三个位软元件组成，梯形图中表明的是首地址，另外两个位软元件紧随其后，如图 4－4－1 所示，首地址为 M3，另外两个分别为 M4、M5。

（7）ZCP 指令为二进制代数比较。其最高位为符号位，如果该位为"0"，则该数为正，如果该位为"1"，则表示该数为负。

（8）执行比较操作后，即使其执行条件被破坏，目标操作数的状态仍保持不变，除非用 RST 指令将其复位。

（9）该指令可以进行 16/32 位数据处理和连续/脉冲执行方式。

2.触点型比较指令

触点型比较指令相当于一个触点,指令执行时,比较两个操作数[S1]、[S2],满足比较条件则触点闭合。触点型比较指令有多条,具体如表4-4-1所列。

表4-4-1　触点型比较指令

功能指令代码	助　记　符	导　通　条　件	非导通条件
LD 触点比较指令			
FNC224	(D)LD=	[S1.]=[S2.]	[S1.]≠[S2.]
FNC225	(D)LD>	[S1.]>[S2.]	[S1.]≤[S2.]
FNC226	(D)LD<	[S1.]<[S2.]	[S1.]≥[S2.]
FNC228	(D)LD<>	[S1.]≠[S2.]	[S1.]=[S2.]
FNC229	(D)LD≤	[S1.]≤[S2.]	[S1.]>[S2.]
FNC230	(D)LD≥	[S1.]≥[S2.]	[S1.]<[S2.]
AND 触点比较指令			
FNC232	(D)AND=	[S1.]=[S2.]	[S1.]≠[S2.]
FNC233	(D)AND>	[S1.]>[S2.]	[S1.]≤[S2.]
FNC234	(D)AND<	[S1.]<[S2.]	[S1.]≥[S2.]
FNC236	(D)AND<>	[S1.]≠[S2.]	[S1.]=[S2.]
FNC237	(D)AND≤	[S1.]≤[S2.]	[S1.]>[S2.]
FNC238	(D)AND≥	[S1.]≥[S2.]	[S1.]<[S2.]
OR 触点比较指令			
FNC240	(D)OR=	[S1.]=[S2.]	[S1.]≠[S2.]
FNC241	(D)OR>	[S1]>[S2.]	[S1.]≤[S2.]
FNC242	(D)OR<	[S1.]<[S2.]	[S1.]≥[S2.]
FNC244	(D)OR<>	[S1.]≠[S2.]	[S1.]=[S2.]
FNC245	(D)OR≤	[S1.]≤[S2.]	[S1.]>[S2.]
FNC246	(D)OR≥	[S1.]≥[S2.]	[S1.]<[S2.]

触点比较类指令格式如图4-4-2所示。

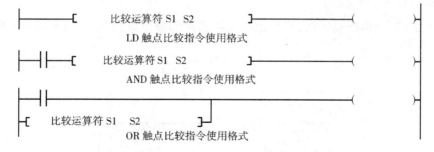

图4-4-2　触点比较类指令格式

使用触点比较指令时应注意:

(1)触点比较指令源操作数可取任意数据格式。16位运算占5个程序步,32位运算占9个程序步。

(2)触点比较类指令,当[S1]、[S2]满足比较条件时,触点接通。

(3)在指令前加"D"表示其操作数为32位的二进制数,在指令后加"P"表示指令为脉冲执行型。

工作任务

一、任务要求

利用计数器和比较类指令,设计一个24小时可设定定时时间的城市灯光控制系统。(以 15 min 为一个设定单位),要求如下:

(1)晚上 18:00 所有的路灯开启。

(2)晚上 20:00 ~ 24:00 景观灯开启。

(3)早上 7:00 路灯关闭。

二、任务分析

根据控制要求,设 X0 为启停开关,X1 为 15min 快速调整与试验开关;X2 为格数设定的快速调整与试验开关。时间设定值为钟点数乘以 4。使用时,在 0:00 启动定时器。设路灯输出为 Y0,夜景灯输出为 Y1。

1.输入/输出点的确定

从上面的分析可知,需要 3 个输入点,2 个输出点,具体输入/输出点分配如表 4 - 4 - 2所列。

表 4 - 4 - 2　城市灯光控制的输入/输出点分配表

输入(I)		输出(O)	
输入继电器	作用	输出继电器	作用
X0	启停开关	Y0	路灯
X1	~　15 min 试验开关	Y1	景观灯
X2	格数试验开关		

2.PLC 控制接线图

根据输入/输出点分配,PLC 控制系统实现的城市灯光控制线路如图4 - 4 - 3所示。

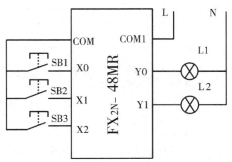

图 4 - 4 - 3　PLC 控制系统实现的
城市灯光控制线路图

3. PLC 梯形图

根据控制要求,如要按照时间启停,可利用前面学习的 CMP 比较指令和本课题学习的 ZCP 区间比较指令来完成。在设计梯形图时,采用了三个特殊辅助继电器,分别是 M8011 为 10 ms 脉冲,M8012 为 100 ms 脉冲,M8013 为 1 s 脉冲,C0 为 15 min 计数器。当按下 X0 时,C0 当前值每过 1 s 加 1,当 C0 当前值等于设定值 K900 时,即为 15 min。C1 为 96 格计数器,它的当前值每过 15 min 加 1,当 C1 当前值等于设定值 K96 时,即为 24 小时。具体 C1 当前值与实际时间的对应如表 4－4－3 所列。

模块四 功能指令的应用

表 4－4－3　　C1 当前值与实际时间的对应表

C1 当前值	对应时间	功用
K0	0:00	启动计时器
K28	7:00	关闭路灯
K72	18:00	打开路灯
K80	20:00	打开景观灯
K96	24:00	关闭景观灯

其具体梯形图设计如图 4－4－4 所示。

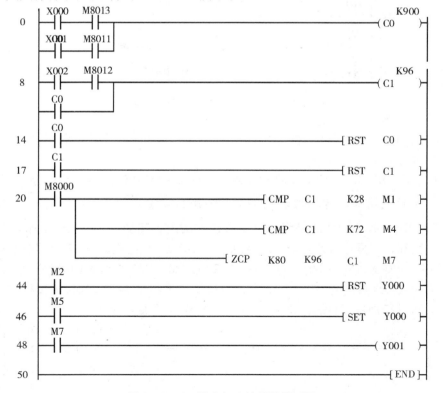

图 4－4－4　城市灯光控制的梯形图

本课题的拓展内容:时钟运算类指令

在很多场合下,需要在某个具体的时刻进行某项工作,就会用到时钟运算类指令,时钟运算类指令是对时钟数据进行运算和比较,对 PLC 内置实时时钟进行时间校准和时钟数据格式化操作。FX 系列 PLC 专门设置了一类这样的指令,它们共有七条时钟运算类指令,指令的编号分布在 FNC160 ~ FNC169。下面介绍三条指令。

1. 时钟数据比较指令 TCMP(FNC160)

TCMP(P)它的功能是用来比较指定时刻与时钟数据的大小。如图 4 - 4 - 5 所示,将源操作数[S1]、[S2]、[S3]中的时间与[S]起始的 3 点时间数据比较,根据它们的比较结果决定目标操作数[D]中起始的 3 点单元中取 ON 或 OFF 的状态。

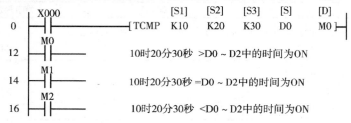

图 4 - 4 - 5　时钟数据比较指令使用的梯形图

使用 TCMP 时钟数据比较指令时应注意:

(1)该指令只有 16 位运算,占 11 个程序步。它的源操作数可取 T、C 和 D,目标操作数可以是 Y、M 和 S。

(2)可利用 PLC 内置的实时时钟数据,D8013 ~ D8015 分别存放秒、分和时。

2. 时钟数据加法运算指令 TADD(FNC162)

TADD(P)指令的功能是将两个源操作数的内容相加,结果送入目标操作数。源操作数和目标操作数均可取 T,C 和 D。TADD 为 16 位运算,占 7 个程序步。如图 4 - 4 - 6 所示,将[S1]指定的 D10 ~ D12 和 D20 ~ D22 中所放的时、分、秒相加,把结果送入[D]指定的 D30 ~ D32 中。当运算结果超过 24 小时时,进位标志位变为 ON,将进行加法运算的结果减去 24 小时后作为结果进行保存。

图 4 - 4 - 6　时钟数据加法运算指令使用的梯形图

3. 时钟数据读取指令 TRD(FNC166)

它的功能是读出内置的实时时钟的数据放入由[D]开始的 7 个字内。TRD (P)指令为 16 位运算,占 7 个程序步。[D]可取 T,C 和 D。如图 4 - 4 - 7 所示,当 X1 为 ON 时,将实时时钟(它们以年、月、日、时、分、秒、星期的顺序存放在特殊辅助寄存器 D8013～8019 之中)传送到 D10～D16 之中。

图 4 - 4 - 7 时钟数据读取指令使用的梯形图

课后练习

(1)利用 PLC 中的比较指令编写一个电铃控制程序,按一天的作息时间动作,电铃每次响 15 s,如 6:20、8:00、12:00、20:00 各响一次。

(2)PLC 对自动售汽水机进行控制,工作要求:①此售货机可投入 1 元、2 元硬币,投币口为 LS1,LS2。②当投入的硬币总值大于等于 6 元时,汽水指示灯 L1 亮,此时按下汽水按钮 SB,则汽水口 L2 出汽水,12 s 后自动停止。③不找钱,不结余,下一位投币又重新开始。

要求:①画出 I/O 分配;②画出 PLC 的 I/O 口硬件连接图并进行连接;③设计梯形图。

课题五 密码锁密码的输入及转换

学习目标

(1)掌握其他比较传送类指令 BIN、BCD、XCH。

(2)会利用传送比较类指令编写梯形图,实现输入数据与信号的处理。

知识学习

1. 数据变换指令

数据变换指令包括 BCD(二进制数转换成 BCD 码并传送)和 BIN(BCD 码转换为二进制数并传送)指令。它们的源操作数可取 KnX、KnY、KnM、KnS、T、C、D、V 和 Z,目标操作数可取 KnY、KnM、KnS、T、C、D、V 和 Z,16 位运算占 5 个程序步,32 位运算占 9 个程序步。

1)BCD 变换指令

BCD(Binary Codeto Decimal)变换指令是将源元件中的二进制数转换为 BCD

码并送到目标元件中。如图 4 – 5 – 1 所示,当 X0 为 ON 时,源元件 D10 中的二进制数转换成 BCD 码送到目标元件 D11 中去。

使用 BCD 指令时应注意:

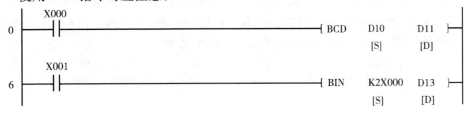

图 4 – 5 – 1　BCD 变换指令与 BIN 变换指令的梯形图

(1)BCD 功能指令编号为 FNC18;

(2)如果 BCD 指令执行的结果超过 0 ~ 9 999 的范围,将会出错。如果 BCD 指令执行的结果超过 0 ~ 99 999 999 的范围,也会出错。

(3)可编程控制器内部的算术运算用二进制数进行,可以用 BCD 指令将可编程控制器中的二进制数变换为 BCD 数后输出到 7 段显示器。

2)BIN 变换指令

BIN 变换指令的指令助记符为 BIN(Binary),功能是将源元件中的 BCD 码转换为二进制数并送到目标元件中。其数值范围:16 位操作为 0 ~ 9999;32 位操作为 0 ~ 99999999。如图 4 – 5 – 1 所示,当 X1 为 ON 时,将源元件 K2X0 中的 BCD 码转换成二进制数送到目标元件 D13 中去。

使用 BIN 指令时应注意:

(1)BIN 变换指令功能指令编号为 FNC19。

(2)可以用 BIN 指令将 BCD 数字开关提供的设定值输入 PLC。

(3)常数 K 不能作为本指令的操作元件,因为在任何处理之前它们都会被转换成二进制数。

(4)如果源元件中的数据不是 BCD 数,M8067 为 ON(运算错误),M8068(运算错误锁存)为 OFF,不工作。

2.数据交换指令

数据交换指令 XCH(Exchange)是指在指定的目标软元件间进行数据交换。如图 4 – 5 – 2 所示,当 X0 为 ON 时,将十进制数 20 传送给 D0,十进制数 30 传送给 D1,D0 中的数据是 20,D1 中的数据是 30;当 X1 为 ON 时,执行数据交换指令 XCH,目标元件 D0 和 D1 中的数据分别为 30 和 20,即 D0 和 D1 中的数据进行了交换。

使用 XCH 指令时应注意:

(1)XCH 数据交换指令编号为 FNC17。

(2)16 位运算占 5 个程序步,32 位运算占 9 个程序步。

(3)XCH 数据交换指令的两个目标操作数可取 KnY、KnM、KnS、T、C、D、V 和

Z。

（4）执行数据交换指令时，交换指令一般采用脉冲执行方式，否则在每一个扫描周期都要交换一次。

图 4 - 5 - 2　XCH 数据交换指令

工作任务

一、任务要求

在一些工业控制场合，需要计数器能在程序外由现场操作人员根据工艺要求临时设定，这就要用到外置计数器，比如在前面课题中学习过密码锁，密码锁有三个置数开关（12 个按钮），分别代表 3 个十进制数，如所拨的数据与密码锁设定的值相符，则可以开启锁。前面学习中我们已经解决所拨的数据与密码锁设定的值相符的问题，本课题主要实现通过开关输入的数据转换为系统能够识别的数据。

二、任务分析

根据控制要求，设 X20 为启停开关，X21 为计数脉冲；C0 为计数器；三位拨码开关接于 X0 ~ X13，分别对应 X0 ~ X3，X4 ~ X7，X10 ~ X13，其中 X0 ~ X3 代表第一个十进制数，X4 ~ X7 代表第二个十进制数，X10 ~ X13 代表第三个十进制数；三位拨码开关设置的数为 BCD 码，可利用 BCD 码到二进制变换指令 BIN 将设定的密码 BCD 码转换成二进制数，因为比较操作只对二进制数有效。Y0 为计数器的控制对象，当计数器 C0 的当前值等于拨码开关设定的计数器设定值，Y0 被驱动。

1. 输入/输出点的确定

从上面的分析可知，需要 14 个输入点，一个输出点，具体输入/输出点分配如表 4 - 5 - 1 所列。

表 4 - 5 - 1　密码锁密码的输入及转换输入/输出点分配表

输入（I）		输出（O）	
输入继电器	作用	输出继电器	作用
X0 ~ X3		Y0	控制对象
X4 ~ X7	拨码开关		
X10 ~ X13			

续表

输入(I)		输出(O)	
X20	启停开关		
X21	计数脉冲		

2. PLC 控制接线图

根据输入/输出点分配,PLC 控制系统实现的密码锁控制线路如图4−5−3所示。

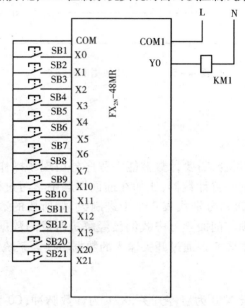

图4−5−3　PLC 控制系统实现的简易密码锁控制线路

3. PLC 梯形图

根据控制要求设计的梯形图如图4−5−4所示。

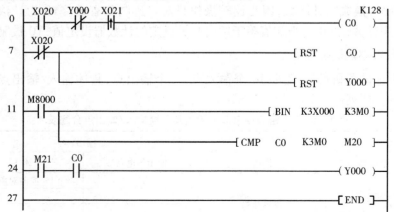

图4−5−4　简易密码锁的密码输入及转换的梯形图

拓展知识

本课题的拓展内容：字逻辑运算指令

字逻辑运算指令包括 WAND(字逻辑与)、WOR(字逻辑或)、WXOR(字逻辑异或)和 NEG(求补)指令，它们的功能指令编号分别为 FNC26 ~ FNC29。

使用字逻辑运算应注意：

(1)WAND、WOR 和 WXOR 指令的[S1]和[S2]均可以取所有的数据类型，目标操作数可取 KnY、KnM、KnS、T、C、D、V 和 Z。16 位运算占 7 个程序步，32 位运算占 13 个程序步。

(2)字逻辑与、字逻辑或、字逻辑异或(Exclusive)指令以位(bit)为单位作相应的运算(见表 4 – 5 – 2)。

(3)XOR 指令与求反指令(CML)组合使用可以实现"异或非"运算，(如图 4 – 5 – 5 所示)。

表 4 – 5 – 2　逻辑运算关系表

与			或			异或		
$M = A \cdot B$			$M = A + B$			$M = A \oplus B$		
A	B	M	A	B	M	A	B	M
0	0	0	0	0	0	0	0	0
0	1	0	0	1	1	0	1	1
1	0	0	1	0	1	1	0	1
1	1	1	1	1	1	1	1	0

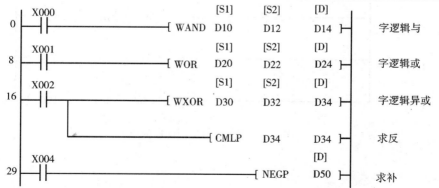

图 4 – 5 – 5　字逻辑运算的梯形图

(4)求补(NEG,Negation)指令只有目标操区作数，可取 KnY、KnY、KnS、T、C、D、V 和 Z。16 位运算占 3 个程序步，32 位运算占 5 个程序步。求补指令将[D]指定的数的每一位取反后该数再加 1，结果存于同一元件，求补指令实际上是绝对值不变的变号操作。FX 系列可编程序控制器的负数用 2 的补码形式来表示，最高位为符号位，正数时该位为 0,负数时为 1,将负数求补后得到它的绝对值。

课后练习

(1)如图4-5-6所示,Y0~Y17的值各是多少?

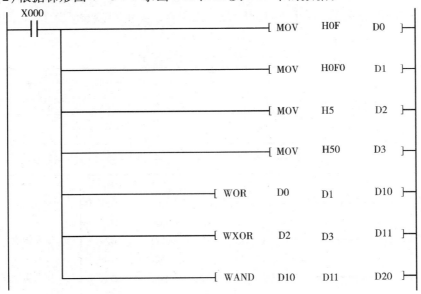

0	X000		MOV	K32	D0
6	X001		BCD	D0	K2Y000
12	X002		BIN	K2Y000	K2Y010

图4-5-6 练习1的梯形图

(2)根据梯形图4-5-7求出D10、D11及D20中的数据。

X000		MOV	H0F	D0
		MOV	H0F0	D1
		MOV	H5	D2
		MOV	H50	D3
		WOR	D0	D1	D10
		WXOR	D2	D3	D11
		WAND	D10	D11	D20

图4-5-7 练习2的梯形图

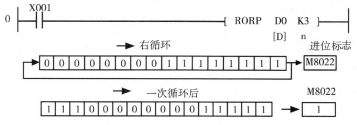 （此处为右侧页眉）

课题六 流水灯光控制

学习目标

（1）掌握循环移位指令 ROR，ROL，RCR，RCL。
（2）会利用循环移位指令编写梯形图，实现数据的处理等。

知识学习

循环移位指令

循环移位与移位指令的功能指令编号为 FNC30～FNC39。ROR、ROL 分别是右、左循环移位指令、RCR、RCL 分别是带进位的右、左循环移位指令；SFTR、SFTL 分别是移位寄存器右、左移位指令；WSFR、WSFL 分别是字右移、字左移指令；SF-WR、SFRD 分别是先入先出（FIFO）写入和移位读出指令。

1. 循环移位指令

循环移位指令是指数据在本字节或双字节右、左循环移位。指令的助记符分别为 ROR(RotationRight) 和 ROL(RotationLeft)，功能指令编号分别为 FNC30 和 FNC31。它们只有目标操作数，可取 KnY、KnM、KnS、T、C、D、V 和 Z。16 位指令占 5 个程序步，32 位指令占 9 个程序步。16 位指令和 32 位指令中 n 应分别小于 16 和 32。

使用循环移位指令时应注意：

（1）执行这两条指令时，各位的数据向右（或向左）循环移动 n 位，最后一次移出来的那一位同时存入进位标志 M8022 中，如图 4-6-1 和图 4-6-2 所示。

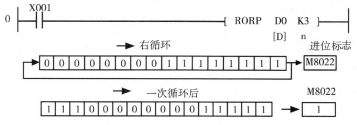

图 4-6-1 右循环指令的应用

（2）若在目标元件中指定位元件组的组数，只有 K4（16 位指令）和 K8（32 位指令）有效，如 K4Y10 和 K8M0。

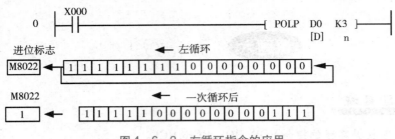

图4-6-2 左循环指令的应用

2.带进位的循环移位指令

带进位的右、左循环移位指令的助记符分别为 RCR（Rotation Rightwith Carry）和 RCL（Rotation Leftwith Carry），它们的功能指令编号分别为 FNC32 和 FNC33。它们的目标操作数、程序步数和 n 的取值范围与循环移位指令相同。

使用带进位的循环移位指令时应注意：

（1）执行这两条指令时，各位的数据与进位位 M8022 一起向右（或向左）循环移动 n 位，如图4-6-3 和图4-6-4 所示。在循环中进位标志被送到目标操作数中。

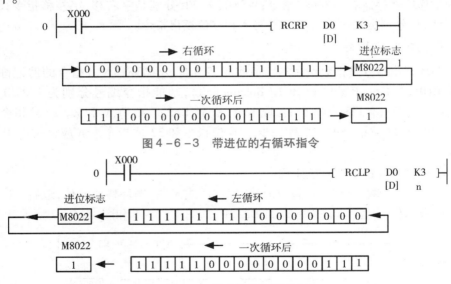

图4-6-3 带进位的右循环指令

图4-6-4 带进位的左循环指令

（2）若在目标元件中指定位元件组的组数，只有 K4（16 位指令）和 K8（32 指令）有效。

工作任务

一、任务要求

某广告牌边框饰灯有 16 盏彩灯，当广告牌开始工作时，要求当 X0 为"ON"时，饰灯开始从 Y0~Y17 每隔 1s 依次点亮一个,当亮至 Y17 时,又从 Y17~Y0 依次点亮一个,循环进行。本课题要求利用 PLC 中的左右循环指令完成程序控制。

二、任务分析

根据对题目控制要求的分析,初始条件当 X0 为"ON"时,则 Y0 外接的灯 L1 点亮,其余各盏灯均未点亮,1s 之后,Y1 外接的灯点亮,其余灯依次点亮,间隔 1s 由 M8013 实现。

1. 输入/输出点的确定

从上面的分析可知,需要 1 个输入点,16 个输出点,具体输入/输出点分配如表4-6-1所列。

表4-6-1 流水灯光控制的输入/输出点分配表

输入(I)		输出(O)	
输入继电器	作用	输出继电器	作用
X0	启动按钮	Y0~Y17	16 盏彩灯

2. PLC 控制接线图

根据输入/输出点分配,PLC 控制系统实现的流水灯光控制线路如图4-6-5所示。

3. PLC 梯形图

根据控制要求设计的梯形图如图4-6-6所示。

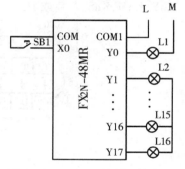

图4-6-5 PLC 控制系统实现的流水灯光控制线路图

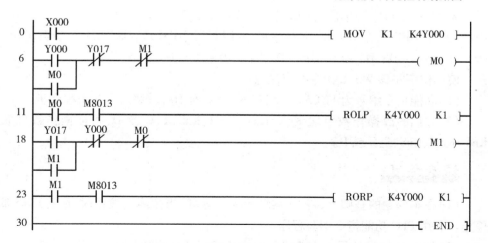

图4-6-6 流水灯光控制的梯形图

拓展知识

本课题的拓展内容:字右移和字左移指令

1. 字右移 WSFR(Word Shift Right)指令

WSFR 指令以字为单位,将 n1 个字右移 n2 个字(n2≤n1≤512)。图 4 − 6 − 7 中的 X0 由 OFF 变为 ON 时,字右移指令按以下顺序移位:D2 ~ D0 中的数溢出,D5 ~ D3→D2 ~ D0,D8 ~ D6→D5 ~ D3,T2 ~ T0→D8 ~ D6。

使用位字右移 WSFR 指令时应注意:

(1)字右移 WSFR 的功能指令编号为 FNC36,字移动指令只有 16 位运算,占 9 个程序步。

(2)它们的源操作数可取 KnX、KnY、KnM、KnS、T、C 或 D,目标操作数可取 KnY、KnM、KnS、T、C 或 D。

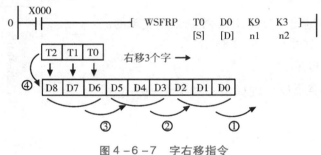

图 4 − 6 − 7　字右移指令

2. 字左移 WSFL(Word Shift Left)指令

WSFL 指令以字为单位,将 n1 个字左移 n2 个字(n2≤n1≤512)。图 4 − 6 − 8 中的 X0 由 OFF 变为 ON 时,字左移指令按以下顺序移位:D8 ~ D6 中的数溢出,D5 ~ D3→D8 ~ D6,D2 ~ D0→D5 ~ D3,T2 ~ T0→D2 ~ D0。

使用位字左移 WSFL 指令时应注意:

(1)功能指令编号为 FNC37。字移动指令只有 16 位运算,占 9 个程序步。

(2)它们的源操作数可取 KnX、KnY、KnM、KnS、T、C 或 D,目标操作数可取 KnY、KnM、KnS、T、C 或 D。

课后练习

(1)在本课题的基础上,将 16 盏灯改为 8 盏灯,当按停止按钮时,所有灯全部停止。利用 PLC 功能指令编写程序。

(2)利用 PLC 设计程序六盏灯单通循环控制。其控制要求:按下启动信号,六盏灯依次循环显示,每盏灯亮 1 s 时间。按下停止信号,灯全灭。

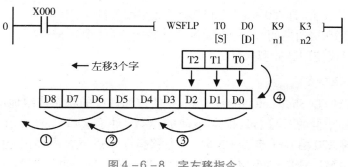

图 4 - 6 - 8　字左移指令

课题七　步进电动机控制

学习目标

（1）掌握移位指令 SFTR、SFTL、SFWR、SFRD。

（2）会利用移位指令编写梯形图，实现数据的处理。

知识学习

1. 位右移

位右移 SFTR（Shift Right）指令的功能是使位元件中的状态成组地向右移动，由 n1 指定位元件组的长度，n2 指定移动的位数。对于 FX2N，$n2 \leqslant n1 \leqslant 1024$。图 4 - 7 - 1 中的 X20 由 OFF 变为 ON 时，位右移指令按以下顺序移位：M2 ~ M0 中的数溢出，M5 ~ M3→M2 ~ M0，M8 ~ M6→M5 ~ M3，X2 ~ X0→M8 ~ M6。

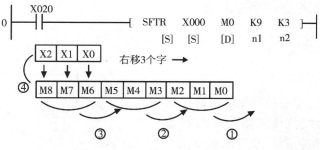

图 4 - 7 - 1　位右移指令

使用位右移 SFTR（Shift Right）指令时应注意：

（1）位右移 SFTR（Shift Right）指令编号为 FNC34。它只有 16 位运算，占 9 个程序步。

（2）位右移 SFTR（Shift Right）指令的源操作数和目标操作数都是位元件，源操作数可取 X、Y、M、S，目标操作数可取 Y、M、S。如图 4 - 7 - 1 所示的程序中的 K9

表示有 9 个位元件,即 M0 ~ M8,K3 表示每次移动 3 位。

(3)在 X20 接通期间,若是连续执行性指令,则每个扫描周期都执行,因此一般情况下,建议使用脉冲型执行指令。

2. 位左移指令

位左移 SFTL(Shift Left)指令的功能是使位元件中的状态成组地向左移动,由 n1 指定位元件组的长度,n2 指定移动的位数,对于 FX2N,n2 ≤ n1 ≤ 1024。图 4 - 7 - 2 中的 X20 由 OFF 变为 ON 时,位左移指令按以下顺序移位:M8 ~ M6 中的数溢出,M5 ~ M3→M8 ~ M6,M2 ~ M0→M5 ~ M3,X2 ~ X0→M2 ~ M0。

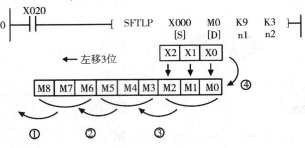

图 4 - 7 - 2　位左移指令

使用位左移 SFTL(Shift Left)指令时应注意:

(1)位左移 SFTL(Shift Left)指令编号为 FNC34。它只有 16 位运算,占 9 个程序步。

(2)位左移 SFTL(Shift Left)指令的源操作数和目标操作数都是位元件,源操作数可取 X、Y、M、S,目标操作数可取 Y、M、S。如图 4 - 7 - 2 所示程序中的 K9 表示有 9 个位元件,即 M0 ~ M8,K3 表示每次移动 3 位。

(3)在 X20 接通期间,若是连续执行性指令,则每个扫描周期都执行,因此一般情况下,建议使用脉冲型执行指令。

工作任务

一、任务要求

步进电动机是一种利用电磁铁将脉冲信号转换为线位移或角位移的电动机,即给一个脉冲信号,步进电动机就转动一个角度。它广泛应用于办公用品中的打印机位移和托架移动/复印机纸数控制、绘图仪的 *X*、*Y* 轴驱动和工业生产中的数控机床的 *X*、*Y* 轴驱动等。图 4 - 7 - 3 为步进电动机工作原理示意图,通过顺序切换开关,控制电动机每组绕组

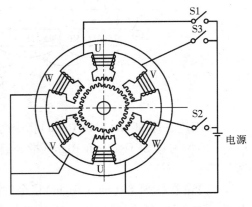

图 4 - 7 - 3　步进电动机工作原理示意图

轮流通电,以使电动机转子按照顺时针方向一步一步地转动。切换开关由电脉冲信号控制,脉冲信号由 PLC 根据控制要求计算后发出,然后再经过分配放大后驱动步进电动机。其动作顺序如下:当 S1→ON,U 极 ON;S1→OFF,S2→ON,V 极 ON;S2→OFF,S3→ON,W 极 ON;S3→OFF,S1→ON,U 极 ON;本课题的任务是使用 PLC 位移指令实现步进电动机正反转和调速控制。

二、任务分析

根据程序控制要求,启停按钮 X0,正转开关 X1,反转开关 X2。X3 为减速按钮,X4 为增速按钮,脉冲序列通过 Y0 ~ Y2(晶体管)输出。

1.输入/输出点的确定

从上面的分析可知,需要 5 个输入点,3 个输出点,具体输入/输出点分配如表 4 - 7 - 1 所列。

表 4 - 7 - 1　步进电动机控制输入/输出点分配表

输入(I)		输出(O)	
输入继电器	作用	输出继电器	作用
X0	启停按钮	Y0 ~ Y2	电脉冲序列
X1	正转开关		
X2	反转开关		
X3	减速按钮		
X4	增速按钮		

2.PLC 控制接线图

根据输入/输出点分配,PLC 控制系统实现的步进电动机控制线路如图 4 - 7 - 4 所示。

3.PLC 梯形图

在程序中采用积算定时器 T246 为脉冲发生器。因系统配置的 PLC 为继电器输出类型,其通断频率过高有可能损坏 PLC,故设定范围为 K100 ~ K1000 ms,则步进电动机可获得 10 ~ 1 步/s 的变速范围。程序运行时,D0 初始值为 K500,Y1、M0、M1 置为 ON。当按下 X0 时,启动定时器 T246 的设定值,D0 初始值 K500 作为 T246 的设定值。以正转为例,当 X1 为 ON,由于传送进 K1M0 的数值是 3,即形成 011 的排列,T246 完成第一次定时,

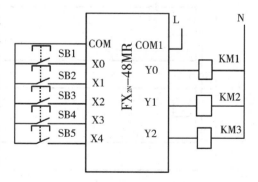

图 4 - 7 - 4　PLC 控制系统实现的步进电动机控制线路图

移位指令就会移动 1 位,如果是正序列脉冲,则序列的排列为 110;T246 完成第二次定时,序列的排列为 101;T246 完成第三次定时,序列的排列为 011;T246 完成第

四次定时,序列的排列为 110;T246 完成第五次定时,则序列的排列为 101。依此类推,可以观察到形成 101011110101011110 的三拍循环,正好符合电动机三相三拍的要求。当电动机反转时,学生可自己思考排列的规律。具体的梯形图如图 4 - 7 - 5 所示。

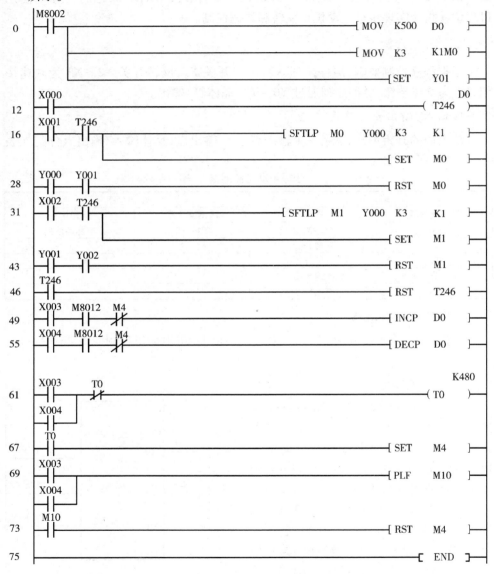

图 4 - 7 - 5　步进电动机控制电路的梯形图

拓展知识

本课题的拓展内容:FIFO(先入先出)写入与读出指令

1. FIFO(FirstInFirstOut)写入指令

FIFO 写入指令 SFWR(Shift Register Write)的梯形图如 4 - 7 - 6 所示。图 4 -7 - 6 中的 X0 由 OFF 变为 ON 时,源操作数 D0 中的数据写入 D2,而 D1 变成了指针,其初值被置为 1(D1 必须先清零)。以后如 X0 再次由 OFF 变为 ON,D0 中新的数据写入 D3,D1 中的数变为 2,依此类推,源操作数 D0 中的数据依次写入数据寄存器。

数据由最右边的寄存器 D2 开始顺序存入,源数据写入的次数存入 D1。当 D1 中的数达到(n - 1)后不再执行上述处理,进位标志 M8022 置 1。

使用 SFWR 指令时应注意:

(1)SFWR 写入指令的功能指令编号为 FNC38;

(2)源操作数可取所有的数据类型,目标操作数可取 KnY、KnM、KnS、T、C 和 D。只有 16 位运算,占 7 个程序步。

(3)在 X0 接通期间,若是连续执行性指令,则每个扫描周期都执行,因此一般情况下,建议使用脉冲型执行指令。

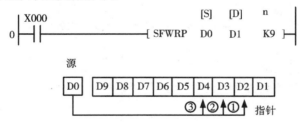

图 4 - 7 - 6   先入先出写入指令

2. FIFO(FirstIn First Out)读出指令

FIFO 读出指令 SFRD(Shift Register Read)的梯形如图 4 - 7 - 7 所示。图 4 - 7 - 7 中的 X0 由 OFF 变为 ON 时,D2 中的数据写入 D20,同时指针 D1 的值减 1,D3 到 D9 的数据向右移一个字,若用连续指令,每一扫描周期数据都要右移一个字。

数据总是从 D2 读出,指针 D1 为 0 时,不再执行上述处理,零标志 M8020 置 1。执行本指令的过程中,D9 的数据保持不变。

使用 SFRD 指令时应注意:

(1)FIFO 读出指令 SFRD 的功能指令编号为 FNC39。

(2)源操作数可取 KnY、KnM、KnS、T、C 和 D,目标操作数可取 KnY、KnM、KnS、T、C、D、V 和 Z。只有 16 位运算,占 7 个程序步。

(3)在 X0 接通期间,若是连续执行性指令,则每个扫描周期都执行,因此一般情况下,建议使用脉冲型执行指令。

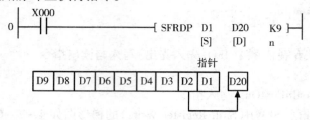

图4-7-7　先入先出读出指令

课后练习

(1)有10个彩灯,接在PLC的Y0~Y11,要求每隔1s依次由Y0亮至Y11轮流点亮一个,循环进行。试用功能指令编写PLC程序。

(2)有10个彩灯,接在PLC的Y0~Y11,要求每隔1s依次由Y0亮至Y11轮流点亮一个,当至全亮时,从Y0熄灭至Y11,然后又从Y0开始点亮,循环进行。试用功能指令编写PLC程序。

(3)如图4-7-8所示,观察D30中的数据的变化。

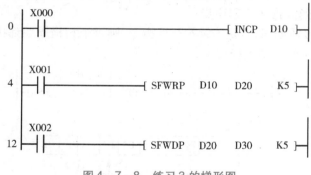

图4-7-8　练习3的梯形图

课题八　电梯楼层方向的PLC控制

学习目标

(1)掌握解码指令DECO的格式及用法。
(2)能够利用解码指令DECO编写梯形图。

知识学习

解码指令DECO(Decode)的梯形图如图4-8-1所示。图4-8-1中的X2~X0组成的3位(n=3)二进制数为011,相当于十进制数3($2^1 + 2^0 = 3$),由目标操作数 M7 ~ M0 组成的 8 位二进制数的第 3 位(M0 为第 0 位)M3 被置 1,其余各位为 0。如源数据全零,则 M0 置 1。

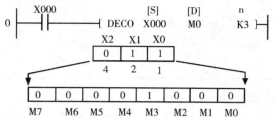

图 4 – 8 – 1 解码指令 DECO 梯形图

使用 DECO 指令时应注意:

(1)解码指令 DECO 的功能指令编号为 FNC41。

(2)位源操作数可取 X、T、M 和 S,位目标操作数可取 Y、M 和 S。字源操作数可取 K、H、T、C、D、V 和 Z,字目标操作数可取 T、C 和 D,n = 1 ~ 8。只有 16 位运算,占 7 个程序步。

(3)若指定的目标元件是字元件 T、C、D,应使 n ≤ 4,目标元件的每一位都受控;若[D]指定的目标元件是位元件 Y、M、S,应使 n ≤ 8;n = 0 时,不作处理。

(4)利用解码指令,可以用数据寄存器中的数值来控制位元件的 ON/OFF。

(5)当[D]是位元件时,用相应的位元件置"1"或置"0"来表示指令的执行结果;当[D]是字元件时,用相应的字元件来表示指令的执行结果。

(6)当 n 在 K1 ~ K8,则解码的数值在 2 ~ 255 的范围内,此时,解码所需占用的目标软元件不要在其他控制中重复使用。

工作任务

一、任务要求

在传统的电梯电路中,通常是用楼层感应器的信号来进行楼层方向的控制,这样井道中每个楼层至少要装一个感应器,占用 PLC 的输入点数多。由于 PLC 的编程功能十分丰富,所以可以采取利用上行换速和下行换速信号来进行楼层的方向控制,这样只需要在轿厢侧装两只传感器,便可实现电梯楼层的方向控制及减速信号的发出,既给安装带来方便又节约了成本。本任务要求利用 MOV、DECO、INC、DEC 指令进行楼层方向控制。

二、任务分析

1. 输入/输出点的确定

从上面的分析可知,需要 4 个输入点,2 个输出点,具体输入/输出点分配如表 4 – 8 – 1 所列。

表4-8-1 电梯楼层方向控制的输入/输出点分配表

输入(I)		输出(O)	
输入继电器	作用	输出继电器	作用
X0	上换速感应器	Y0	上行接触器
X1	下换速感应器	Y1	下行接触器
X2	上强迫减速		
X3	下强迫减速		

2. PLC 控制接线图

根据输入/输出点分配,PLC 控制系统实现的电梯楼层方向控制的线路图如图4-8-2所示。

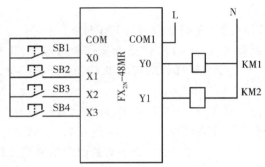

图4-8-2 PLC 控制系统实现的电梯
楼层方向控制的线路图

3. PLC 梯形图

当电梯上行,每当上换速感应器插入隔磁板时,使 M0 有一个周期的触发,使寄存器 D200 内数值增 1。当电梯下行,每当下换速感应器插入隔磁板时,使 M1 有一个周期的触发,使寄存器 D200 内数值减 1。当电梯下行到最底层,下强迫开关动作时,使 D200 内的数值强制为 1。当电梯上行到最顶层,上强迫开关动作时,使 D200 内的数值强制为 4(这里以 4 层为例)。这样,D200 内的实际数值就反映了电梯的实际楼层数值。利用解码指令 DECO 对 D200 进行解码,得出 M501 吸合时为 1 楼,得出 M502 吸合时为 2 楼,得出 M503 吸合时为 3 楼,得出 M504 吸合时为 4 楼。同时,电梯进行楼层方向控制时,也给出了电梯的减速信号。具体梯形图如图4-8-3 所示。

拓展知识

本课题的拓展内容:编码指令 ENCO

编码指令 ENCO(Encode)的功能指令编号为 FNC42,只有 16 位运算,占 7 个程序步。图4-8-4 中的 n=3,编码指令将源元件 M7 ~ M0 中为"1"的 M3 的位数

```
       X000
0      ─┤├─────────────────────────────────────────[ PLS    M0 ]

       M0    M504  Y000
3      ─┤├──┤/├──┤├──────────────────────────────────[ INCP   D200 ]

       X001
9      ─┤├─────────────────────────────────────────[ PLS    M1 ]

       M1    M501  Y001
12     ─┤├──┤/├──┤├──────────────────────────────────[ DECP   D200 ]

       M8000
18     ─┤├───────────────────────────────[ DECO   D200   M500   K5 ]

       M8000  X002  Y001
26     ─┤├──┤/├──┤/├──────────────────────────[ MOV    K4     D200 ]

       M8000  X003  Y000
34     ─┤├──┤/├──┤/├──────────────────────────[ MOV    K1     D200 ]

                                                              [ END ]
```

图 4 - 8 - 3　楼层方向控制的梯形图

3 编码为二进制数 011,并送到目标元件 D10 的低 3 位。

使用 ENCO 指令时应注意:

(1)当[S]指定的源操作数是字元件 T、C、D、V 和 Z 时,应使 n≤4,当[S]指定的源操作数是位元件 X、Y、M 和 S 时,应使 n = 1 ~ 8,目标元件可取 T、C、D、V 和 Z。

(2)指令中 n 表示编码的位数,如图 4 - 8 - 4 中的 n = 3(2^3 = 8)时,当源操作数是位元件,则对 8 个位元件(M0 ~ M7)进行操作;当源操作数是字元件,则对其低 8 位进行操作。

(3)当源操作数的多个位是 1 时,低位被忽略,只对高位操作。

(4)当执行条件为 OFF 时,指令不执行,但编码输出不变。

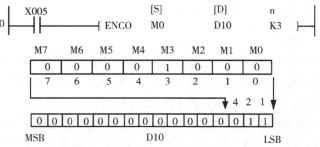

图 4 - 8 - 4　编码指令 ENCO 的梯形图

(5)解码/编码指令在 n = 0 时不作处理。若在 DECO 指令中[D]指定的元件和 ENCO 指令中[S]指定的元件是位元件,而且 n = 8 时,点数为 2^8 = 256。当执行条件 OFF 时,指令不执行,编码输出保持不变。

课后练习

(1)利用 PLC 中的 DECO 编码指令实现下列控制要求。用单按钮控制 3 台电动机的启停。对 3 台电动机编号,按下按钮一次(保持 1s 以上),1 号电动机启动,再按按钮,1 号电动机停止;按下按钮二次(第二次保持 1s 以上),2 号电动机启动,再按按钮,2 号电动机停止;依此类推。

(2)试用双按钮控制题目 1 中 3 台电动机的启停。

(3)利用 PLC 中的 DECO 编码指令实现下列控制要求。假设有一个 10 层楼电梯,当电梯从 1 楼运行到 10 楼时,分别把 M0 ~ M9 置"1",则要求数字显示是从 1 ~ 10。

课题九　　PLC 控制七段数码管的显示

学习目标

(1)掌握七段译码指令 SEGL。

(2)会使用 SEGD 指令进行梯形图的编程,会使用该指令进行七段数码管的显示。

知识学习

外部 I/O 设备指令的功能指令编号为 FNC70 ~ FNC79,包括 10 键输入指令 TKY、16 键输入指令 HKY、数字开关输入指令 DSW、七段译码指令 SEGD、带锁存的多路七段显示指令 SEGL、方向开关指令 ARWS、ASCII 码转换指令 ASC、打印指令 PR 和读/写特殊功能模块指令 FROM/TO。在本节课题中主要介绍七段译码指令 SEGD 和带锁存器的七段译码指令 SEGL。

1. 七段译码指令

七段译码指令 SEGD(Seven Segment Decoder)的功能是源操作数[S]指定的元件的低 4 位(只用低 4 位)所确定的十六进制数(0 ~ FH)经译码后驱动七段显示器,译码信号存于[D]指定的元件中,[D]的高 8 位不变。图 4 – 9 – 1 中七段显示器的 A ~ G 分别对应于[D]的最低位(第 0 位)~第 6 位,某段亮时[D]中对应的位为 1,反之为 0。如显示数字"0"时,A ~ F 均为 1,G 为 0,[D]的值为十六进制数 3FH。

使用七段译码指令 SEGD 时应注意:

(1)七段译码指令 SEGD 指令编号为 FNC73。

(2)源操作数可选所有的数据类型,目标操作数为 KnY、KnM、KnS、T、C、D、V 和 Z,只有 16 位运算,占 5 个程序步。

(3)在指令后加"P"表示为脉冲执行型。

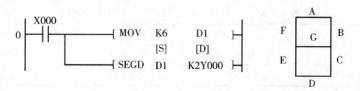

图 4-9-1　七段译码指令应用及数码显示

2. 带锁存器的七段显示指令

带锁存器的七段显示指令 SEGL(Seven Segment with Latch)的功能指令编号为 FNC74,源操作数可选所有的数据类型,目标操作数为 Y,只有 16 位运算,占 7 个程序步,n = 0 ~ 7,该指令在程序中可使用两次。

使用 SEGL 带锁存器的七段显示指令时应注意:

(1)SEGL 带锁存器的七段显示指令的功能指令编号为 FNC74。

(2)源操作数可选所有的数据类型,目标操作数为 Y,只有 16 位运算,占 7 个程序步,n = 0 ~ 7,该指令在程序中可使用两次。

(3)SEGL 指令用 12 个扫描周期显示一组或两组 4 位数据,完成 4 位显示后标志 M8029 置为 1。可编程控制器的扫描周期应大于 10 ms,若小于 10 ms,则应使用恒定扫描方式。

(4)该指令的执行条件一旦接通,指令就反复执行,若执行条件变为 OFF,则停止执行。

图 4-9-2 中若使用一组输出(n = 0 ~ 3),D0 中的数据(二进制)转换为 BCD 码(0 ~ 9999)依次送到 Y0 ~ Y3。若使用两组输出(n = 4 ~ 7),D0 中的数据送到 Y0 ~ Y3,D1 中的数据送到 Y10 ~ Y13,选通信号由 Y4 ~ Y7 提供。

图 4-9-2　SEGL 带锁存器的七段显示指令应用

工作任务

一、任务要求

设计一数码管显示程序,要求:接通控制开关,数码管显示"9",随后每隔 1 s,显示数字减 1,减到"0"时,停止 2 s,接着数码管显示"0"随后每隔 1 s,显示数字加 1,加到"9"时,依次循环,直到按下 X0 全部停止。

二、任务分析

1. 输入/输出点的确定

从上面的分析可知,需要 1 个输入点 X0,作为开关接入端口;数码管需要占用 7 个输出点,可以接在 Y0 ~ Y6,具体输入/输出点分配如表 4-9-1 所列。

表 4-9-1　数码显示控制输入/输出点分配表

输入(I)		输出(O)	
输入继电器	作用	输出继电器	作用
X0	控制开关	Y0 ~ Y6	A ~ G 七段笔划

2. PLC 控制接线图

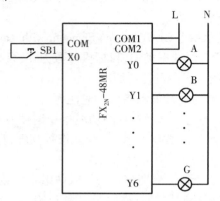

图 4-9-3　PLC 控制系统实现七段译码
指令应用及数码显示控制线路

3. PLC 梯形图

在本课题中,每个数字的显示间隔为 1s,可以使用定时器实现,也可以直接使用特殊辅助继电器 M8013 来实现。七段数码管的显示可以用 SEGD 七段译码指令实现,具体的梯形图设计如图 4-9-4 所示。

拓展知识

本课题的拓展内容: 求置 ON 位总数与 ON 位判别指令

1. 求置 ON 位总数指令

求置 ON 位总数指令 SUM 的功能是判断源操作数中有多少个 1,结果存放在目标操作数中。图 4-9-5 中的 X0 为 ON 时,统计源操作数 D0 中为 ON 的位的个数,并将它送入目标操作数 D2。若 D0 的各位均为"0",则零标志 M8020 置 1。如使用 32 位指令,目标操作数的高位字为 0。

使用 SUM 指令时应注意:

(1)求置 ON 位总数指令 SUM 功能指令编号为 FNC43。

(2)求置 ON 位总数指令 SUM 源操作数可取所有的数据类型,目标操作数可取 KnY、KnM、KnS、T、C、D、V 和 Z,16 位运算占 5 个程序步,32 位运算占 9 个程序步。

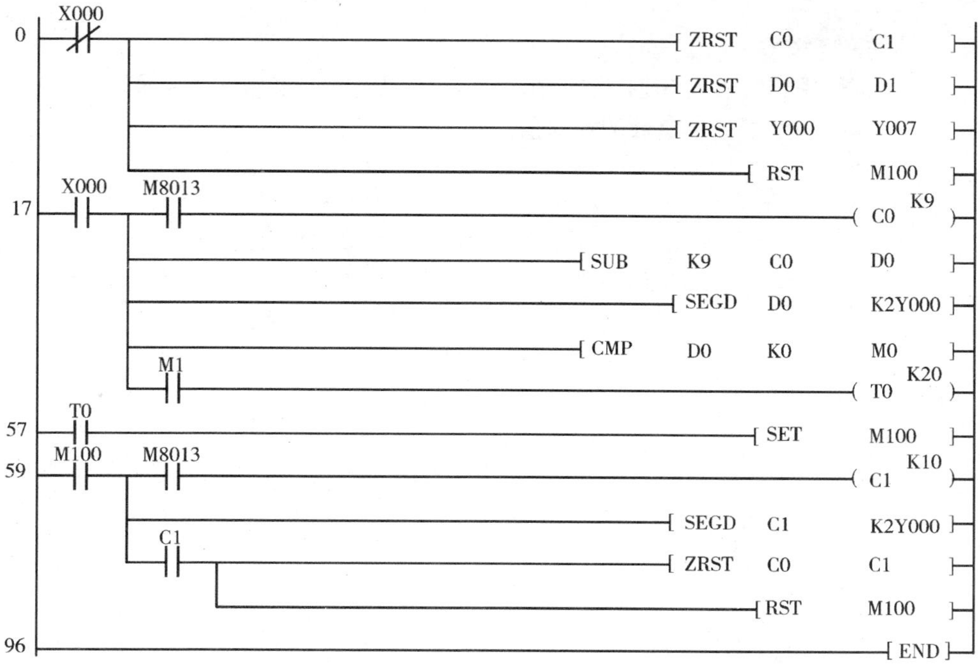

图 4-9-4 实现七段译码指令应用及数码显示的梯形图

图 4-9-5　ON 位判别指令

2. ON 位判别指令

ON 位判别指令 BON(BitONCheck)用来检测指定元件中的指定位是否为"1"，也就是判断源操作数中的第 n 位是否为 1，如果是 1，则相应的目标操作数的位元件置 ON，否则置 OFF。如图 4-9-6 中源操作数 D10 的第 15 位为 ON(n = 15)，则目标操作数 M0 变为 ON。即使 X0 变为 OFF，M0 仍保持不变。

使用 BON 指令时应注意：

(1)ON 位判别指令 BON 的编号为 FNC44。

(2)BON 指令的源操作数可取所有的数据类型，目标操作数可取 Y、M 和 S。16 位运算占 7 个程序步，n = 0 ~ 15，32 位运算占 13 个程序步，n = 0 ~ 31。

(3)该指令可以用来判断某个数是正数还是负数，或者是奇数还是偶数等功能。

图 4-9-6　ON 位总数指令

课后练习

（1）试使用定时器与 SEGD 指令配合实现本课题中的工作任务要求。

（2）编一程序求一个负数的绝对值。

附　录

附录A　基本逻辑指令一览表

助记符、名称	功　能	可用软元件	程序步
LD 取	常开触点逻辑运算开始	X,Y,M,S,T,C	1
LDI 取反	常闭触点逻辑运算开始	X,Y,M,S,T,C	1
LDP 取脉冲上升沿	上升沿检出运算开始	X,Y,M,S,T,C	2
LDF 取脉冲下降沿	下降沿检出运算开始	X,Y,M,S,T,C	2
AND 与	常开触点串联连接	X,Y,M,S,T,C	1
ANI 与非	常闭触点串联连接	X,Y,M,S,T,C	1
ANDP 与脉冲上升沿	上升沿检出串联连接	X,Y,M,S,T,C	2
ANDF 与脉冲下降沿	下降沿检出串联连接	X,Y,M,S,T,C	2
OR 或	常开触点并联连接	X,Y,M,S,T,C	1
ORI 或非	常闭触点并联连接	X,Y,M,S,T,C	1
ORP 或脉冲上升沿	上升沿检出并联连接	X,Y,M,S,T,C	2
ORF 或脉冲下降沿	下降沿检出并联连接	X,Y,M,S,T,C	2
ANB 块与	并联回路块的串联连接		1
ORB 块或	串联回路块的并联连接		1
OUT 输出	线圈驱动	Y,M,S,T,C	注1
SET 置位	动作保持	Y,M,S	注2
RST 复位	清除动作保持,寄存器清零	Y,M,S,T,C,D,V,Z	
PLS 上升沿脉冲	上升沿输出	Y,M(特殊 M 除外)	1
PLF 下降沿脉冲	下降沿输出	Y,M(特殊 M 除外)	1
MC 主控	公共串联点的连接线圈指令	Y,M(特殊 M 除外)	3
MCR 主控复位	公共串联点的消除指令		2
MPS 压栈	运算存储		1
MRD 读栈	存储读出		1
MPP 出栈	存储读出与复位		1
INV 取反	运算结果的反转		1
NOP 空步操作	无动作		1
END 结束	输入/输出及返回到开始		1

附录 B　FX 系列 PLC 功能指令一览表

分类	功能号	指令助记符	功能说明	对应不同型号的 PLC				
				FX$_{0S}$	FX$_{0N}$	FX$_{1S}$	FX$_{1N}$	FX$_{2N}$ FX$_{2NC}$
程序流向	00	CJ	条件跳转	√	√	√	√	√
	01	CALL	子程序调用	×	×	√	√	√
	02	SRET	子程序返回	×	×	√	√	√
	03	IRET	中断返回	√	√	√	√	√
	04	EI	开中断	√	√	√	√	√
	05	DI	关中断	√	√	√	√	√
	06	FEND	主程序结束	√	√	√	√	√
	07	WDT	监视定时器刷新	√	√	√	√	√
	08	FOR	循环的起点与次数	√	√	√	√	√
	09	NEXT	循环的终点	√	√	√	√	√
传送与比较	10	CMP	比较	√	√	√	√	√
	11	ZCP	区间比较	√	√	√	√	√
	12	MOV	传送	√	√	√	√	√
	13	SMOV	位传送	×	×	×	×	√
	14	CML	取反传送	×	×	×	×	√
	15	BMOV	成批传送	×	×	×	×	√
	16	FMOV	多点传送	×	×	×	×	√
	17	XCH	交换	×	×	×	×	√
	18	BCD	二进制转换成 BCD 码	√	√	√	√	√
	19	BIN	BCD 码转换成二进制	√	√	√	√	√
算术与逻辑运算	20	ADD	二进制加法运算	√	√	√	√	√
	21	SUB	二进制减法运算	√	√	√	√	√
	22	MUL	二进制乘法运算	√	√	√	√	√
	23	DIV	二进制除法运算	√	√	√	√	√
	24	INC	二进制加 1 运算	√	√	√	√	√
	25	DEC	二进制减 1 运算	√	√	√	√	√
	26	WAND	字逻辑与	√	√	√	√	√
	27	WOR	字逻辑或	√	√	√	√	√
	28	WXOR	字逻辑异或	√	√	√	√	√
	29	NEG	求二进制补码	×	×	×	×	√
循环与移位	30	ROR	循环右移	×	×	×	×	√
	31	ROL	循环左移	×	×	×	×	√
	32	RCR	带进位右移	×	×	×	×	√
	33	RCL	带进位左移	×	×	×	×	√
	34	SFTR	位右移	√	√	√	√	√
	35	SFTL	位左移	√	√	√	√	√
	36	WSFR	字右移	×	×	×	×	√
	37	WSFL	字左移	×	×	×	×	√
	38	SFWR	FIFO（先入先出）写入	×	×	√	√	√
	39	SFRD	FIFO（先入先出）读出	×	×	√	√	√

分类	功能号	指令助记符	功能说明	对应不同型号的 PLC				
				FX₀S	FX₀N	FX₁S	FX₁N	FX₂N FX₂NC
数据处理	40	ZRST	区间复位	√	√	√	√	√
	41	DECO	解码	√	√	√	√	√
	42	ENCO	编码	√	√	√	√	√
	43	SUM	统计 ON 位数	×	×	×	×	√
	44	BON	查询位某状态	×	×	×	×	√
	45	MEAN	求平均值	×	×	×	×	√
	46	ANS	报警器置位	×	×	×	×	√
	47	ANR	报警器复位	×	×	×	×	√
	48	SQR	求平方根	×	×	×	×	√
	49	FLT	整数与浮点数转换	×	×	×	×	√
高速处理	50	REF	输入/输出刷新	√	√	√	√	√
	51	REFF	输入滤波时间调整	×	×	×	×	√
	52	MTR	矩阵输入	×	×	×	×	√
	53	HSCS	比较置位(高速计数用)	×	√	√	√	√
	54	HSCR	比较复位(高速计数用)	×	√	√	√	√
	55	HSZ	区间比较(高速计数用)	×	×	×	×	√
	56	SPD	脉冲密度	×	×	×	√	√
	57	PLSY	指定频率脉冲输出	√	√	√	√	√
	58	PWM	脉宽调制输出	√	√	√	√	√
	59	PLSR	带加减速脉冲输出	×	×	√	√	√
方便指令	60	IST	状态初始化	√	√	√	√	√
	61	SER	数据查找	×	×	×	×	√
	62	ABSD	凸轮控制(绝对式)	×	×	√	√	√
	63	INCD	凸轮控制(增量式)	×	×	√	√	√
	64	TTMR	示教定时器	×	×	×	×	√
	65	STMR	特殊定时器	×	×	×	×	√
	66	ALT	交替输出	√	√	√	√	√
	67	RAMP	斜波信号	√	√	√	√	√
	68	ROTC	旋转工作台控制	×	×	×	×	√
	69	SORT	列表数据排序	×	×	×	×	√

分类	功能号	指令助记符	功能说明	对应不同型号的 PLC				
				FX₀S	FX₀N	FX₁S	FX₁N	FX₂N FX₂NC
外部 I / O 设备	70	TKY	10 键输入	×	×	×	×	√
	71	HKY	16 键输入	×	×	×	×	√
	72	DSW	BCD 数字开关输入	×	×	√	√	√
	73	SEGD	七段码译码	×	×	×	×	√
	74	SEGL	七段码分时显示	×	×	√	√	√
	75	ARWS	方向开关	×	×	×	×	√
	76	ASC	ASCI 码转换	×	×	×	×	√
	77	PR	ASCI 码打印输出	×	×	×	×	√
	78	FROM	BFM 读出	×	√	×	√	√
	79	TO	BFM 写入	×	√	×	√	√
外围设备	80	RS	串行数据传送	×	√	√	√	√
	81	PRUN	八进制位传送(#)	×	×	√	√	√
	82	ASCI	16 进制数转换成 ASCI 码	×	√	√	√	√
	83	HEX	ASCI 码转换成 16 进制数	×	√	√	√	√
	84	CCD	校验	×	√	√	√	√
	85	VRRD	电位器变量输入	×	×	√	√	√
	86	VRSC	电位器变量区间	×	×	√	√	√
	87	—	—					
	88	PID	PID 运算	×	×	√	√	√
	89	—	—					
浮点数运算	110	ECMP	二进制浮点数比较	×	×	×	×	√
	111	EZCP	二进制浮点数区间比较	×	×	×	×	√
	118	EBCD	二进制浮点数→十进制浮点数	×	×	×	×	√
	119	EBIN	十进制浮点数→二进制浮点数	×	×	×	×	√
	120	EADD	二进制浮点数加法	×	×	×	×	√
	121	EUSB	二进制浮点数减法	×	×	×	×	√
	122	EMUL	二进制浮点数乘法	×	×	×	×	√
	123	EDIV	二进制浮点数除法	×	×	×	×	√
	127	ESQR	二进制浮点数开平方	×	×	×	×	√
	129	INT	二进制浮点数→二进制整数	×	×	×	×	√
	130	SIN	二进制浮点数 Sin 运算	×	×	×	×	√
	131	COS	二进制浮点数 Cos 运算	×	×	×	×	√
	132	TAN	二进制浮点数 Tan 运算	×	×	×	×	√
	147	SWAP	高低字节交换	×	×	×	×	√
定位	155	ABS	ABS 当前值读取	×	×	√	√	×
	156	ZRN	原点回归	×	×	√	√	×
	157	PLSY	可变速的脉冲输出	×	×	√	√	×
	158	DRVI	相对位置控制	×	×	√	√	×
	159	DRVA	绝对位置控制	×	×	√	√	×

分类	功能号	指令助记符	功能说明	对应不同型号的PLC				
				FX$_{0S}$	FX$_{0N}$	FX$_{1S}$	FX$_{1N}$	FX$_{2N}$ FX$_{2NC}$
时钟运算	160	TCMP	时钟数据比较	×	×	√	√	√
	161	TZCP	时钟数据区间比较	×	×	√	√	√
	162	TADD	时钟数据加法	×	×	√	√	√
	163	TSUB	时钟数据减法	×	×	√	√	√
	166	TRD	时钟数据读出	×	×	√	√	√
	167	TWR	时钟数据写入	×	×	√	√	√
	169	HOUR	计时仪	×	×	√	√	
外围设备	170	GRY	二进制数→格雷码	×	×	×	×	√
	171	GBIN	格雷码→二进制数	×	×	×	×	√
	176	RD3A	模拟量模块(FX0N-3A)读出	×	√	×	√	×
	177	WR3A	模拟量模块(FX0N-3A)写入	×	√	×	√	×
触点比较	224	LD =	(S1)=(S2)时起始触点接通	×	×	√	√	√
	225	LD >	(S1)>(S2)时起始触点接通	×	×	√	√	√
	226	LD <	(S1)<(S2)时起始触点接通	×	×	√	√	√
	228	LD < >	(S1)<>(S2)时起始触点接通	×	×	√	√	√
	229	LD ≦	(S1)≦(S2)时起始触点接通	×	×	√	√	√
	230	LD ≧	(S1)≧(S2)时起始触点接通	×	×	√	√	√
	232	AND =	(S1)=(S2)时串联触点接通	×	×	√	√	√
	233	AND >	(S1)>(S2)时串联触点接通	×	×	√	√	√
	234	AND <	(S1)<(S2)时串联触点接通	×	×	√	√	√
	236	AND < >	(S1)<>(S2)时串联触点接通	×	×	√	√	√
	237	AND ≦	(S1)≦(S2)时串联触点接通	×	×	√	√	√
	238	AND ≧	(S1)≧(S2)时串联触点接通	×	×	√	√	√
	240	OR =	(S1)=(S2)时并联触点接通	×	×	√	√	√
	241	OR >	(S1)>(S2)时并联触点接通	×	×	√	√	√
	242	OR <	(S1)<(S2)时并联触点接通	×	×	√	√	√
	244	OR < >	(S1)<>(S2)时并联触点接通	×	×	√	√	√
	245	OR ≦	(S1)≦(S2)时并联触点接通	×	×	√	√	√
	246	OR ≧	(S1)≧(S2)时并联触点接通	×	×	√	√	√

参考文献

[1] 钟肇新,范建东.可编程控制器原理及应用(第三版)[M].广州:华南理工大学出版社,2003.

[2] 翟彩萍.PLC 技术应用(三菱)[M].北京:中国劳动社会保障出版社,2006.

[3] 郭琼.PLC 技术应用[M].北京:机械工业出版社,2009.

[4] 史宜巧,孙业明,景绍学.PLC 技术应用项目教程[M].北京:机械工业出版社,2009.